中国水利教育协会　组织

全国水利行业"十三五"规划教材（中等职业教育）

土 工 试 验

主　编　张英峰

U0259183

中国水利水电出版社
www.waterpub.com.cn
·北京·

内 容 提 要

　　本书结合中等职业技术教育教学特点，为培养水利水电工程施工一线实用型人才而编写，力求概念清楚、层次分明、实用性强。全书共有 8 个项目，内容包括黏性土的含水率、密度指标测试与其他基本物理性质指标计算，土的稠度指标测试、稠度评价与黏性土工程分类，土的击实特性测试与评价，砂土的颗粒级配测试、密实度评价与土的工程分类，土的渗透性测试与评价，土的压缩性测试与评价，土的抗剪强度指标测试与评价以及土样和试样制备。

　　本书可作为中等职业学校水利水电类专业的教材，也可供其他相关专业的师生和工程技术人员参考。

图书在版编目（ＣＩＰ）数据

　　土工试验 / 张英峰主编. -- 北京 ：中国水利水电
出版社，2017.4
　　全国水利行业"十三五"规划教材. 中等职业教育
　　ISBN 978-7-5170-5390-3

　　Ⅰ. ①土… Ⅱ. ①张… Ⅲ. ①土工试验－中等专业学
校－教材　Ⅳ. ①TU41

　　中国版本图书馆CIP数据核字(2017)第105364号

书　　　名	全国水利行业"十三五"规划教材（中等职业教育） **土工试验** TUGONG SHIYAN
作　　　者	张英峰　主编
出版发行	中国水利水电出版社 （北京市海淀区玉渊潭南路1号D座　100038） 网址：www. waterpub. com. cn E-mail：sales@waterpub. com. cn 电话：(010) 68367658（营销中心）
经　　　售	北京科水图书销售中心（零售） 电话：(010) 88383994、63202643、68545874 全国各地新华书店和相关出版物销售网点
排　　　版	中国水利水电出版社微机排版中心
印　　　刷	北京瑞斯通印务发展有限公司
规　　　格	184mm×260mm　16 开本　5.75 印张　136 千字
版　　　次	2017 年 4 月第 1 版　2017 年 4 月第 1 次印刷
印　　　数	0001—2500 册
定　　　价	**18.00 元**

前　言

　　本书是根据教育部办公厅《关于制定中等职业学校专业教学标准的意见》（教职成〔2012〕5号）及全国水利职业教育教学指导委员会制定的《中等职业学校水利水电工程施工专业教学标准》进行编写的，适用于中等职业学校水利水电类专业教学。

　　为了促进教学过程与生产实践紧密结合，培养学生的专业技能，本书对"土力学"课程教学进行了全面改革，在传承经典的同时，适当更新内容，调整结构，力图有新的风格。本书在编写中力求基本概念讲清、讲透、简洁、明晰，重点在土工试验技能操作上下工夫，注重实用性、实践性、创新性。

　　本书由长春水利电力学校张英峰任主编，甘肃省水利水电学校毛兰芳、长春水利电力学校董新荣任副主编。全书共8个项目，具体分工如下：项目1由山东水利技师学院赵月霞编写，项目2由北京水利水电学校马晓凡编写，项目3由云南水利水电学校张利平编写，项目4由云南水利水电学校郑雪云编写，项目5由甘肃省水利水电学校毛兰芳编写，项目6由新疆水利水电学校朱煜娟编写，项目7由长春水利电力学校董新荣编写，项目8由长春水利电力学校张英峰编写。

　　本书在编写过程中，得到了中国水利教育协会职业技术教育分会中等职业教育教学研究会的大力支持和帮助，参考并引用了大量有关院校编写的教材及规范资料，在此对有关文献的作者表示感谢。

　　由于编者水平有限，书中难免存在疏漏和不足之处，敬请读者批评指正。

编者

2017年1月

目 录

项目1　黏性土的含水率、密度指标测试与其他基本物理性质指标计算

学习目标

1. 熟练掌握土的密度和含水率试验操作和结果计算方法。
2. 理解土的物理性质指标的换算方法。
3. 了解土的三相组成。

任务1.1　土的三相组成

天然土一般由固相（土颗粒）、液相（主要为水）和气相（主要为空气）三种不同形态的物质组成，称为土的三相组成（见图1.1）。土的三相物质的本身特征以及它们之间的数量比例关系和相互作用，决定了土的不同物理性质和工程性质。

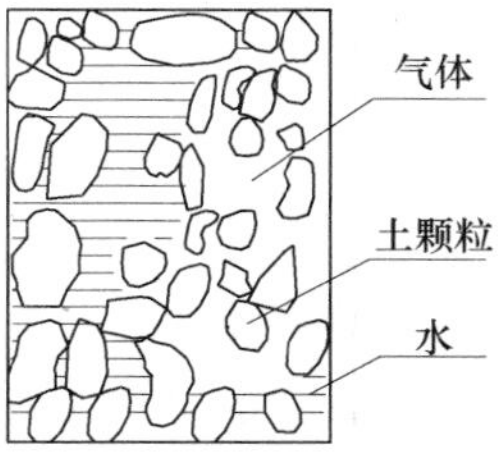

图1.1　三相组成图

1.1.1　土的固相（固体颗粒）

土的固相构成了土的基本骨架，主要由矿物成分和有机质组成。

1.1.1.1　土的矿物成分

土的矿物成分取决于成土母岩的成分以及所经受的风化（物理风化、化学风化、生物风化）作用。矿物成分按其成因可分为两大类：原生矿物和次生矿物。

1. 原生矿物（又称继承矿物）

原生矿物指岩石经物理风化作用后形成的矿物颗粒。常见的有石英、长石和云母等。

2. 次生矿物

次生矿物指岩石经化学风化作用后形成的新的矿物颗粒，主要是颗粒细小的黏土矿物。常见的有蒙脱石、伊利石和高岭石。

一般来说，无黏性矿物的主要矿物组成是石英、长石等原生矿物；黏土矿物则是组成黏性土的主要成分。另外，需要注意的是，若黏性土中含有水溶盐，遇水溶解后会被渗透水流带走，导致地基或坝体产生集中渗流，引起不均匀沉降以致降低强度。所以，通常规定筑坝土料的水溶盐含量不得超过8%。

1.1.1.2　有机质

在岩石风化及风化产物搬运、沉积过程中，若有动植物的残骸及其分解物的参与，在土中便会形成有机质。有机质易分解，强度低，压缩性能大。有机质含量为5%~10%的

土称为有机质土，这类土不能作为堤坝的填筑材料。

1.1.2　土的液相

土的液相主要由土中水构成，土中水按存在方式不同，常可分为结合水和自由水。

1.1.2.1　结合水

结合水是指附着于土粒表面成薄膜状的水。结合水可分为强结合水和弱结合水（见图1.2）。

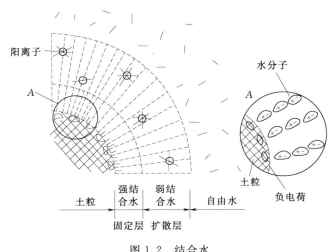

图1.2　结合水

1. 强结合水

强结合水是由土粒表面的高电荷力牢固地吸引的水分子，紧靠土粒表面。其特征为厚度极小，密度大，不能移动，不能传递静水压力，力学性质与固体相似。

2. 弱结合水

弱结合水是指在强结合水外围，吸附力稍低的一层结合水。其特征为厚度稍大，不能自由移动，只能以水膜的形式由厚处向薄处缓慢移动，不能传递静水压力，有很大的黏滞性和一定的抗剪强度。

1.1.2.2　自由水

存在于土孔隙中颗粒表面电场影响范围以外的水称为自由水。它的性质和普通水一样，能传递静水压力和溶解盐类，冰点为0℃。自由水按其移动所受作用力的不同分为重力水和毛细水。

1. 重力水

重力水是受重力作用而运动的水。这种水位于地下水位以下，具有浮力作用，从水头高处向水头低处流动，能引起土的渗透变形。

2. 毛细水

毛细水是由于水分子与土粒表面之间的附着力和水表面张力的作用而存在并运动于毛细孔隙中的水（见图1.3）。

1.1.3 土的气相

土中气体有两种存在形式，一种与大气相通的气体称为自由气体；另一种存在于土的空隙中，与大气隔绝的气体称为封闭气体。

自由气体存在于接近地表的土孔隙中，其含量与孔隙体积大小及孔隙被填充的程度有关，它对土的工程性质影响不大。在细粒土中常存在着封闭气体，其成分可能是空气、水汽或天然气等，气体不易逸出，气泡的栓塞作用降低了水的透水性。封闭气体的存在，使土不易压实，增大了土的弹性，对土的性质有较大影响。

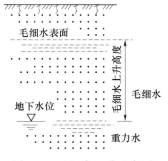

图 1.3 毛细水上升示意图

任务 1.2 土的物理性质指标

土的工程性质好坏，不仅与三相组成中的各项性质有关，而且在很大程度上还取决于三相物质在体积或质量上的相互比例关系，这些比例关系被称为土的物理性质指标。它们是定量评价土体工程性质的基础。

为便于研究这些指标，通常把本来相互混合的三相分别集中起来，简化为一个如图1.4 所示的形式表达出来，称为土的三相关系简图。

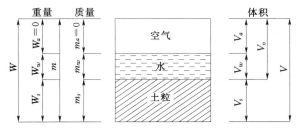

图 1.4 三相关系简图

图 1.4 中各符号的意义如下：

W 表示重量，m 表示质量，V 表示体积，下标 a 表示气体，下标 s 表示土粒，下标 w 表示水，下标 v 表示孔隙；如 W_s 表示土粒重量；m_s 表示土粒质量；V_s 表示土固体中颗粒的体积。

1.2.1 由试验直接测定的指标（实测指标）

1.2.1.1 土的密度（ρ）与重度（γ）

在天然状态下（即保持原始状态和含水率不变）单位体积内湿土的质量称为土的湿密度 ρ，简称天然密度或密度，即

$$\rho = \frac{m}{V} \text{ (t/m}^3 \text{ 或 g/cm}^3) \tag{1.1}$$

天然状态下，土的密度变化范围较大，其值一般介于 $1.8 \sim 2.2 \text{g/cm}^3$ 之间。若土较软则介于 $1.2 \sim 1.8 \text{g/cm}^3$ 之间，有机质含量高或塑性指数大的极软黏性土可降至 1.2g/cm^3

以下。

土的密度可直接由试验测定。一般细粒土采用环刀法测定；易破裂土和形状不规则的坚硬土采用蜡封法测定；现场测定粗粒土的密度可采用灌水法和灌砂法。

单位体积土体受到的重力称为土的湿重度 γ，又称重力密度或重度。其值等于土的湿密度乘以重力加速度 g，工程中可取 $g = 10\text{m/s}^2$，即

$$\gamma = \rho g \ (\text{kN/m}^3) \tag{1.2}$$

1.2.1.2　含水率（ω）

在天然状态下，土中水的质量与土粒质量之比，称为土的含水率，用百分数表示，即

$$\omega = \frac{m_w}{m_s} \times 100\% \tag{1.3}$$

含水率是标志土的湿度的一个重要指标。土的含水率变化范围很大，某些处于流动状态的高液限黏土可达到 200％以上。

土的含水率通常用烘干法测定。在工程中要求快速测定含水率时，可采用酒精燃烧法。卵石的含水率测定可用炒干法。

1.2.1.3　土粒比重（G_s）

土粒比重（或称为土的比重）是土在 105～110℃下烘干至恒值时的质量与土粒同体积 4℃时纯水质量之比，即

$$G_s = \frac{m_s}{V_s \rho_w} = \frac{\rho_s}{\rho_w} （无量纲） \tag{1.4}$$

式中　　ρ_w——水的密度，工程计算中一般取 1g/cm^3。

土粒的比重取决于土的矿物成分和有机质含量，常用比重瓶法测定。

1.2.2　换算指标

1.2.2.1　干密度（ρ_d）

干密度是指单位体积土中土粒的质量，即

$$\rho_d = \frac{m_s}{V} （\text{g/cm}^3） \tag{1.5}$$

干密度是评价土的密实程度的指标，干密度越大表明土越密实；反之，则越疏松。因此，在堤坝、路基等填方工程中，常用干密度来作为填土设计和施工质量控制的指标。一般填土设计的干密度为 1.5～1.7g/cm³。

1.2.2.2　浮密度（有效密度 ρ'）

浮密度是指地下水位以下，受到水的浮力作用时单位体积土的质量，即

$$\rho' = \frac{m_s - V_s \rho_w}{V} （\text{g/cm}^3） \tag{1.6}$$

土的浮密度一般为 0.8～1.3g/cm³。

1.2.2.3　饱和密度（ρ_{sat}）

饱和密度是指土孔隙中充满水时，单位体积中土和水的质量，即

$$\rho_{sat} = \frac{m_s + V_v \rho_w}{V} （\text{g/cm}^3） \tag{1.7}$$

饱和密度一般为 1.8～2.3g/cm³。

由定义可知，同一种土在体积不变的条件下其各种密度在数值上有如下关系：

$$\rho_{sat} > \rho > \rho_d > \rho'$$

同理可得

$$\gamma_{sat} > \gamma > \gamma_d > \gamma'$$

1.2.2.4　孔隙比（e）

土的孔隙比是指土中孔隙体积与土粒体积之比，即

$$e = \frac{V_v}{V_s} \tag{1.8}$$

孔隙比用小数表示。它是一个重要的物理性质指标，可以评价天然土层的密实度。

1.2.2.5　孔隙率（n）

土的孔隙率是指土中孔隙体积与土的总体积之比（用百分数表示），即

$$n = \frac{V_v}{V} \times 100\% \tag{1.9}$$

1.2.2.6　饱和度（S_r）

饱和度是指土中孔隙水体积与孔隙体积之比（用百分数表示），即

$$S_r = \frac{V_w}{V_v} \times 100\% \tag{1.10}$$

饱和度是反映土体潮湿程度的物理性质指标。根据饱和度可将砂土分为三种湿润状态：$S_r \leqslant 50\%$ 为稍湿；$50\% < S_r \leqslant 80\%$ 为很湿；$S_r > 80\%$ 为饱和。

1.2.3　物理性质指标间的换算

换算指标可以通过三相图由实测指标换算求得。具体方法是：首先绘制三相图，然后根据情况令 $V = 1\text{g/cm}^3$（这样可以简化计算），再根据三个实测指标的定义式进行计算，把三相图左侧质量和右侧体积一共 8 个未知量逐个计算出来并填入草图，由此即可求得所需要的各个指标。

【例 1.1】 已测得一原状土样的 $G_s = 2.70$，$\omega = 18.0\%$，$\rho = 1.80\text{g/cm}^3$，试求孔隙比 e、孔隙率 n、浮密度 ρ'、干密度 ρ_d、饱和密度 ρ_{sat} 和饱和度 S_r。

解：（1）绘制三相图（见图 1.5）。

（2）令 $V = 1\text{g/cm}^3$。

（3）由 $\rho = \dfrac{m}{V} = 1.80$（$\text{g/cm}^3$）可得 $m = 1.80\text{g}$。

（4）由 $\omega = \dfrac{m_w}{m_s} = 0.18$ 可得 $m_w = 0.18 m_s$；又知 $m_w + m_s = 1.80$（g）

故

$$m_s = \frac{1.80}{1.18} = 1.525（\text{g}）$$

$$m_w = m - m_s = 1.80 - 1.525 = 0.275（\text{g}）$$

（5）由 $V_w = \dfrac{m_w}{\rho_w}$ 可得 $V_m = \dfrac{0.275}{1} = 0.275$（$\text{cm}^3$）。

（6）$G_s = \dfrac{m_s}{V_s \rho_w} = 2.70$，可得 $V_s = \dfrac{m_s}{G_s \rho_w} = \dfrac{1.525}{2.70 \times 1} = 0.565$（$\text{cm}^3$）。

（7）由 $V_v = V - V_s$ 可得 $V_v = 1 - 0.565 = 0.435$（cm^3）。

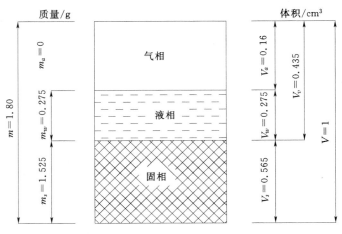

图 1.5　三相组成计算图

（8）由 $V_a = V_v - V_w$ 可得 $V_a = 0.435 - 0.275 = 0.16 (\text{cm}^3)$。

由此，三相图中各部分都已算出。

（9）根据各定义式可得

$$e = \frac{V_v}{V_s} = \frac{0.435}{0.565} = 0.77$$

$$n = \frac{V_v}{V} \times 100\% = \frac{0.435}{1} \times 100\% = 43.5\%$$

$$S_r = \frac{V_w}{V_v} \times 100\% = \frac{0.275}{0.435} \times 100\% = 63.2\%$$

$$\rho' = \frac{m_s - V_s \rho_w}{V} = \frac{1.525 - 0.565 \times 1}{1} = 0.96 \,(\text{g/cm}^3)$$

$$\rho_d = \frac{m_s}{V} = \frac{1.525}{1} = 1.525 \,(\text{g/cm}^3)$$

$$\rho_{sat} = \frac{m_s + V_v \rho_w}{V} = \frac{1.525 + 0.435 \times 1}{1} = 1.96 \,(\text{g/cm}^3)$$

应当指出，三相计算是工程技术人员的一项基本功，必须熟练掌握。但在实际工作中需要大量计算时，可直接选用表 1.1 所列公式计算。

表 1.1　　　　　　　　　土的物理性质指标常用换算公式

名　称	符号	表达式	常用换算公式	单位	常见的数值范围
含水率	ω	$\omega = \frac{m_w}{m_s} \times 100\%$	$\omega = \frac{S_r e}{G_s} = \frac{\gamma}{\gamma_d} - 1$		砂土 $0 \sim 40\%$ 黏性土 $20\% \sim 60\%$
土粒比重	G_s	$G_s = \frac{\rho_s}{\rho_w} = \frac{m_s}{V_s \rho_w}$	$G_s = \frac{S_r e}{\omega}$		砂土 $2.65 \sim 2.69$ 粉土 $2.70 \sim 2.71$ 黏性土 $2.72 \sim 2.76$
密度	ρ	$\rho = \frac{m}{V}$	$\rho = \frac{G_s + S_r e}{1 + e} \rho_w$	g/cm³	$1.6 \sim 2.2$
干密度	ρ_d	$\rho_d = \frac{m_s}{V}$	$\rho_d = \frac{\rho}{1 + \omega}$	g/cm³	$1.3 \sim 1.8$

名　　称	符号	表达式	常用换算公式	单位	常见的数值范围
饱和密度	ρ_{sat}	$\rho_{sat} = \dfrac{m_s + V_v\rho_w}{V}$	$\rho_{sat} = \dfrac{G_s + e}{1 + e}\rho_w$	g/cm³	1.8～2.3
浮密度	ρ'	$\rho' = \dfrac{m_s - V_s\rho_w}{V}$	$\rho' = \rho_{sat} - \rho_w$	g/cm³	0.8～1.3
孔隙比	e	$e = \dfrac{V_v}{V_s}$	$e = \dfrac{G_s\rho_w}{\rho_d} - 1$		砂土 0.5～1.0 黏性土 0.5～1.2
孔隙率	n	$n = \dfrac{V_v}{V} \times 100\%$	$n = \dfrac{e}{1+e} \times 100\%$		30%～50%
饱和度	S_r	$S_r = \dfrac{V_w}{V_v} \times 100\%$	$S_r = \dfrac{\omega G_s}{e}$		0～100%

任务 1.3　土 的 密 度 试 验

1.3.1　试验目的

测定土的密度，以了解土的疏密和干湿状态，供换算土的其他物理性质指标和工程建设以及控制施工质量之用。

1.3.2　仪器设备

（1）环刀：内径 6～8cm，高 2～3cm。

（2）天平：称量 500g，分度值 0.1g。

（3）其他：切土刀、钢丝锯、凡士林等。

1.3.3　操作步骤

1. 量测环刀

取出环刀，称出环刀的质量，并涂一薄层凡士林。

2. 切取土样

将环刀的刀口向下放在土样上，然后，用切土刀将土样削成略大于环刀直径的土柱，将环刀垂直下压，边压边削使土样上端伸出环刀为止，然后将环刀两端的余土削平。

3. 土样称量

擦净环刀外壁，称出环刀和土的质量。

1.3.4　计算公式

按式（1.11）计算土的湿密度，即

$$\rho = \frac{m}{V} = \frac{m_2 - m_1}{V} \tag{1.11}$$

式中　ρ——密度，g/cm³，计算至 0.01g/cm³；

$\quad m$——湿土质量，g；

$\quad m_1$——环刀质量，g；

$\quad m_2$——环刀加湿土质量，g；

V ——环刀体积，cm^3。

密度试验需进行二次平行测定，取其算术平均值，其平行差值不得大于0.03g/cm^3。

1.3.5　试验记录

试验记录见表1.2。

表 1.2　　　　　　　　　　　　密度试验（环刀法）

工程名称＿＿＿＿＿＿＿＿　　　　土样说明＿＿＿＿＿＿＿＿　　　　试验日期＿＿＿＿＿＿＿＿

试验者＿＿＿＿＿＿＿＿　　　　　计算者＿＿＿＿＿＿＿＿　　　　　校核者＿＿＿＿＿＿＿＿

土样编号	环刀号	环刀质量/g	环刀加湿土质量/g	湿土质量/g	环刀体积/cm^3	密度/（g/cm^3）	
						单值	平均值

任务 1.4　土 的 含 水 率 试 验

1.4.1　试验目的

测定土的含水率，以了解土的含水情况，是计算土的孔隙比、液性指数、饱和度和其他物理力学性质不可缺少的一个基本指标。

1.4.2　仪器设备

（1）烘箱：采用温度能保持在100～105℃的电热烘箱。

（2）天平：称量200g，分度值0.01g。

（3）其他：干燥器、称量盒等。

1.4.3　操作步骤

1. 称量湿土

选取有代表性试样15～30g，放入盒内，立即盖好盒盖，称出盒与湿土的总质量。

2. 烘干冷却

打开盒盖，放入烘箱内，在温度100～105℃下烘干至恒重后，将试样取出，立即盖好盒盖放入干燥器内冷却至室温，称出盒与干土质量。烘干时间视土质不同而定，砂土须烘干6h以上，黏性土须烘干8h以上。

1.4.4　计算公式

按式（1.12）计算土的含水率，即

$$\omega = \frac{m_w}{m_s} \times 100\% = \frac{m_1 - m_2}{m_2 - m_0} \times 100\% \tag{1.12}$$

式中　ω ——含水率，%，计算至0.1%；

　　　m_0 ——盒质量，g；

　　　m_1 ——盒加湿土质量，g；

m_2——盒加干土质量，g。

含水率试验需进行二次平行试验，取其算术平均值，允许平行差值应符合表 1.3 规定。

表 1.3 含水率测定的允许平行差值

含水率/%	允许平行差值/%	含水率/%	允许平行差值/%	含水率/%	允许平行差值/%
<10	0.5	10～40	1.0	>40	2.0

1.4.5 试验记录

试验记录见表 1.4。

表 1.4 含水率试验（烘干法）

工程名称＿＿＿＿＿＿＿＿ 土样说明＿＿＿＿＿＿＿＿ 试验日期＿＿＿＿＿＿＿＿
试验者＿＿＿＿＿＿＿＿ 计算者＿＿＿＿＿＿＿＿ 校核者＿＿＿＿＿＿＿＿

土样编号	盒号	盒质量/g	盒＋湿土质量/g	盒＋干土质量/g	水质量/g	干土质量/g	含水率/% 单值	含水率/% 平均值

小　结

1. 土的三相组成

（1）固相：土体骨架部分。

（2）液相：主要是以液态形式存在着的结合水与自由水。

（3）气相：主要是空气。根据存在形式分为自由气体和封闭气体。

2. 土的物理性质指标

（1）直接测定指标：ρ、ω、G_s。

（2）间接换算指标：e、S_r、n、ρ_d、ρ_{sat}、ρ'。

3. 密度和含水率试验

（1）密度试验中环刀要垂直下压，边压边削。

（2）含水率试验要在温度 100～105℃下烘干至恒重。

复 习 思 考 题

1. 土由哪几部分组成？

2. 土的物理性质指标有哪些？哪些是直接测定的？

3. 简述密度试验的步骤。

4. 含水率试验烘干时的温度为多少？在哪里冷却？

项目2 土的稠度指标测试、稠度评价与黏性土工程分类

学习目标

1. 掌握试验规程中液限和塑限的测定方法。
2. 掌握塑性指数、液性指数的概念及其作用。
3. 理解黏性土的稠度、稠度状态及其判别方法。
4. 了解土的物理状态指标在工程中的应用情况。
5. 了解《建筑地基基础设计规范》(GB 50007—2011)和《土工试验规程》(SL 237—1999)对黏性土的分类。

任务 2.1 黏性土的稠度状态

2.1.1 概述

黏性土的稠度是指黏性土在某一含水率下的软硬程度和抵抗外力的能力。黏性土的稠度是随着含水率的变化而变化的，如图 2.1 所示。

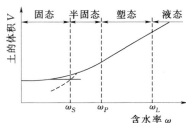

图 2.1 黏性土的稠度状态

随着含水率的变化土体可能呈现固态、半固态、塑态和液态，稠度状态直接决定着土的变形和强度等力学性质特征。黏性土从一种状态转变为另一种状态的分界含水率称为界限含水率，其中，黏性土呈固态与半固态的分界含水率称为缩限(ω_S)，黏性土呈半固态与塑态的分界含水率称为塑限(ω_P)，黏性土呈塑态与液态的分界含水率称为液限(ω_L)。

2.1.2 液限和塑限的测定

1. 塑限（ω_P）的测定

塑限 ω_P 一般采用搓滚法测定，将可塑状态的土样放置在毛玻璃板上用手掌搓滚成细土条，如果土条搓到直径为 3mm 时恰好出现裂纹并开始断裂，此时土样的含水率就是塑限。

2. 液限（ω_L）的测定

液限 ω_L 一般采用锥式液限仪测定（见图 2.2）。将质量为 76g、锥角为 30°的锥式液限仪的锥尖对准土面，在自重作用下徐徐下沉。如果在 15s 恰好沉入土的深度为 10mm，此时土样的含水率就是液限。

3. 液限和塑限联合测定

由于搓滚法的操作误差较大，目前广泛使用液限和塑限联合测定法代替锥式液限仪及搓滚法。液限、塑限联合测定采用的仪器为光电式液、塑限联合测定仪（见图 2.3）。试验时，将调成三种不用含水率的土样，先后分别装满盛土杯，使锥尖刚好接触土面，圆锥仪在重力作用下沉入土内，并测定圆锥仪在 5s 时的下沉深度。根据三种土样的三次试验结果，在双对数坐标纸上，以含水率为横坐标、圆锥下沉深度为纵坐标，绘制圆锥下沉深度和含水率的关系

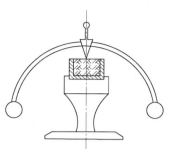

图 2.2　锥式液限仪

曲线（见图 2.4），在直线上查得圆锥下沉深度为 17mm 所对应的含水率为液限，下沉深度为 2mm 所对应的含水率为塑限。

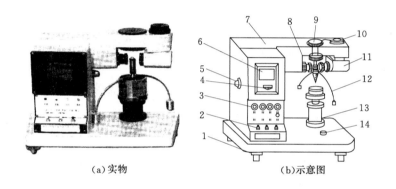

（a）实物　　　　　　　　（b）示意图

图 2.3　光电式液、塑限联合测定仪

1—水平调节螺钉；2—控制开关；3—指示灯；4—零线调节螺钉；5—反光镜调节螺钉；

6—显示屏；7—机壳；8—物镜调节螺钉；9—电磁装置；10—光源调节螺钉；

11—光源；12—圆锥仪；13—升降台；14—水平泡

2.1.3　塑性指数和液性指数

2.1.3.1　塑性指数（I_P）

液限与塑限的差值称为塑性指数，即

$$I_P = \omega_L - \omega_P \tag{2.1}$$

塑性指数 I_P 反映了黏性土呈可塑状态时含水率的变化幅度。塑性指数的大小主要受黏粒含量或矿物成分的吸水能力影响，土中黏粒含量越多，可塑性越大，I_P 也越大；反之，I_P 越小。一般塑性指数越大，土的黏粒含量越高，所以，常用塑性指数来对黏性土进行分类。

在工程中，常以塑性指数作为黏性土定名的标准：$I_P > 17$ 为黏土；$10 < I_P \leqslant 17$ 为粉质黏土；$I_P \leqslant 10$，且小于 0.075mm 的颗粒质量含量大于 50%，则为粉土。

2.1.3.2　液性指数（I_L）

土的天然含水率与塑限之差除以塑性指数称为土的液性指数，即

$$I_L = \frac{\omega - \omega_P}{\omega_L - \omega_P} = \frac{\omega - \omega_P}{I_P} \tag{2.2}$$

液性指数 I_L 反映黏性土的软硬程度。根据液性指数的大小，可将黏性土分为 5 种软硬不同的状态（见表 2.1）。

表 2.1　　　　　　　　　　　　　　黏 性 土 状 态 的 划 分

状态	坚硬	硬塑	可塑	软塑	流塑
液性指数	$I_L \leqslant 0$	$0 < I_L \leqslant 0.25$	$0.25 < I_L \leqslant 0.75$	$0.75 < I_L \leqslant 1.0$	$I_L > 1.0$

液限和塑限是进行黏性土的分类定名和物理状态评价的重要指标。界限含水率试验一般采用液、塑限联合测定法，也可以采用锥式仪法和碟式仪法测定液限，采用搓滚法测定塑限。

【例 2.1】　某地基土，经过试验测定其天然含水率为 30%，液限为 35%，塑限为 20%，试确定该土的名称，并描述土的物理状态。

解：（1）按塑性指数 I_P 定名：

$$I_P = \omega_L - \omega_P = 35 - 20 = 15$$

该黏性土的塑性指数 $I_P = 15 < 17$，定为粉质黏土。

（2）按液性指数 I_L 判定土的物理状态：

$$I_L = \frac{\omega - \omega_P}{\omega_L - \omega_P} = \frac{30 - 20}{35 - 20} = 0.67$$

该土的液性指数 I_L 为 0.67，定为可塑状态。

任务 2.2　液　限　试　验

2.2.1　试验目的

（1）掌握土的液限试验的试验原理。

（2）了解液限试验的仪器设备，掌握试验方法和操作步骤。

（3）掌握液限含水率的计算方法和试验成果整理方法。

2.2.2　试验原理

用一定质量和固定锥角的平衡锥沉入土中一定深度时的含水率即为液限。当锥体质量为 76g，锥角为 30°，锥体沉入深度为 10mm 时，土对锥体表面产生的剪应力为 8.3kPa，这是土对锥体沉入的抵抗能力，苏联的瓦西里耶夫认为此时土的含水率即为土的液限。

2.2.3　试验仪器设备

（1）锥式液限仪（见图 2.2）。

（2）天平：称量 200g，最小分度值为 0.01g。

（3）烘箱、干燥器。

（4）标准筛：孔径 0.5mm。

（5）其他：铝盒、调土刀、调土皿、小刀、毛玻璃板、滴管、电热吹风机、研钵等。

2.2.4 试验步骤

2.2.4.1 选取土样

选取具有代表性的天然含水率土样，若土中含有较多大于 0.5mm 的颗粒和杂物时，应选取 180g 试样风干后用研棒在橡皮板上压碎，过 0.5mm 的标准筛。

2.2.4.2 制备土样

将所取土样放在橡皮板上用纯水将土样调成均匀膏状，然后放入调土皿中，盖上湿布，浸润一昼夜，以使水分均匀。

2.2.4.3 装土样

将土样充分搅拌均匀，分层装入试样杯中，不能留有空隙，土样填满后用调土刀刮去余土使土样与杯口齐平。

2.2.4.4 放锥下沉

在圆锥尖上抹一薄层凡士林，两指捏住圆锥仪手柄，使锥尖与土样表面接触并保持锥体垂直，轻轻松手让锥体在其自重作用下沉入土中。放锥后约经过 15s，观察锥体沉入土中的深度，若下沉深度恰好为 10mm，此时土的含水率即为液限；若深度大于或小于10mm，表示试样的含水率高于或低于液限。此时应用小刀挖去沾有凡士林的土，然后取出全部试样，放入调土皿中，使水分蒸发或适当加纯水调匀，再次重复放锥下沉步骤，直至锥体沉入土中的深度恰好为 10mm 为止。

2.2.4.5 测定液限含水率

取出合格试样，用小刀挖去沾有凡士林的土，取锥体附近土样少许（约 15g），放入铝盒内，测定其含水率。

2.2.4.6 平行测定

本试验须做两次平行测定，计算准确至 0.1%，取结果的算术平均值；两次平行差值高液限土不得大于 2%，低液限土不得大于 1%。

2.2.5 成果整理

2.2.5.1 液限计算公式

液限计算公式为

$$\omega_L = \frac{m_2 - m_1}{m_1 - m_0} \times 100\% \tag{2.3}$$

式中 ω_L——液限，%；

      m_1——铝盒加干土质量，g；

      m_2——铝盒加湿土质量，g；

      m_0——铝盒质量，g。

2.2.5.2 试验记录

锥式液限仪试验记录见表 2.2。

表 2.2 　　　　　　　　　　　　　　　**锥式液限仪试验记录表**

工程编号＿＿＿＿＿＿＿＿＿　　　土样说明＿＿＿＿＿＿＿＿＿　　　试验日期＿＿＿＿＿＿＿＿＿
计算者＿＿＿＿＿＿＿＿＿　　　　校核者＿＿＿＿＿＿＿＿＿　　　　试验者＿＿＿＿＿＿＿＿＿

试样编号	盒号	盒＋湿土质量/g	盒＋干土质量/g	盒质量/g	水质量/g	干土质量/g	液限/%	液限平均值/%

任务 2.3　塑　限　试　验

2.3.1　试验目的

（1）掌握土的塑限试验的试验原理、试验方法和操作步骤。

（2）了解塑限试验的仪器设备。

（3）掌握塑限含水率的计算方法和试验成果整理方法。

2.3.2　试验原理

土处于塑态时可塑成任意形状，并且不产生裂缝，处于半固态时很难搓成任意形状，若勉强搓成任意形状，土面会产生裂缝，或者土样出现断折等现象，这两种状态特征作为塑态与半固态的界限。因此，当黏性土搓成直径为 3mm 的土条，表面刚好开始出现裂缝时的含水率，即为塑限。

2.3.3　试验仪器设备

（1）毛玻璃板：200mm×300mm。

（2）天平：称量 200g，最小分度值为 0.01g。

（3）烘箱、干燥器。

（4）标准筛：孔径 0.5mm

（5）其他：铝盒、调土刀、调土皿、滴管、电热吹风机、卡尺等。

2.3.4　试验步骤

2.3.4.1　制备土样

取通过 0.5mm 标准筛的风干土样 100g，放入调土皿中，加纯水拌匀，盖上湿布，浸润一昼夜。将土样在手中揉捏至不沾手，若出现裂缝，表示其含水率已接近塑限。

2.3.4.2　搓土条

（1）取接近塑限含水率的试样 8～10g，先用手捏成椭球形，然后将其放在毛玻璃上用手掌轻轻搓滚，搓滚时手掌压力要均匀，不得使土条在毛玻璃板上无压力滚动，土条长度不应大于手掌宽度，不能出现空心现象。

（2）当土条搓至直径为 3mm 时，表面产生裂缝，并开始断裂，此时土样的含水率即为塑限。若土条搓至直径为 3mm 时，仍未产生裂缝，表示土样的含水率高于塑限；若土条搓至直径大于 3mm 时已开始断裂，表示土样的含水率低于塑限，此时应重新取土样进行试验。

2.3.4.3　称量

取直径为 3mm 且有裂缝的土条 3～5g，放入铝盒内，立即盖紧盒盖，避免水分蒸发，测定土条的含水率。

2.3.4.4　平行测定

本试验须做两次平行测定，计算准确至 0.1%，取结果的算术平均值；两次平行差值高液限土不得大于 2%，低液限土不得大于 1%。

2.3.5　成果整理

2.3.5.1　塑限计算公式

塑限计算公式为

$$\omega_P = \frac{m_2 - m_1}{m_1 - m_0} \times 100\% \tag{2.4}$$

式中　ω_P——塑限，%；

　　　m_0——铝盒的质量，g；

　　　m_1——铝盒加干土质量，g；

　　　m_2——铝盒加湿土质量，g。

2.3.5.2　试验记录

搓滚法塑限试验记录见表 2.3。

表 2.3　　　　　　　　　　搓滚法塑限试验记录表

工程编号＿＿＿＿＿＿＿＿　　土样说明＿＿＿＿＿＿＿＿　　试验日期＿＿＿＿＿＿＿＿
计算者＿＿＿＿＿＿＿＿　　　校核者＿＿＿＿＿＿＿＿　　　试验者＿＿＿＿＿＿＿＿

试样编号	盒号	盒＋湿土质量 /g	盒＋干土质量 /g	盒质量 /g	水质量 /g	干土质量 /g	塑限 /%	塑限平均值 /%

任务 2.4　液、塑限联合测定试验

2.4.1　试验目的

（1）测定黏性土的液限 ω_L 和塑限 ω_P。

（2）计算塑性指数 I_P、液性指数 I_L。

（3）对黏性土进行分类并判别黏性土的软硬程度。

2.4.2　试验原理

采用光电式液、塑限联合测定仪对三种不同含水率的土样进行试验，得到圆锥入土深度以及相应土样含水率。然后，以含水率为横坐标、圆锥入土深度为纵坐标，在双对数坐标纸上绘制关系曲线，三点连成一条直线，在图上查得圆锥沉入土深度为17mm所对应的含水率为液限，沉入土深度为2mm所对应的含水率为塑限。

2.4.3　试验仪器设备

（1）光电式液、塑限联合测定仪（见图2.3）。

（2）天平：称量200g，最小分度值为0.01g。

（3）烘箱、干燥器。

（4）标准筛：孔径0.5mm。

（5）其他：铝盒、调土刀、调土皿、滴管、电热吹风机、卡尺等。

2.4.4　试验步骤

2.4.4.1　制备土样

取通过0.5mm标准筛的风干土样200g，分为三份分别放入调土皿中，加入不同量的纯水，将土样调成接近液限、塑限和二者中间状态的均匀土膏，盖上湿布，浸润一昼夜，使水分均匀。

2.4.4.2　装土样

将土样充分搅拌均匀，分层将试样装入盛土杯中，不能留有空隙，土样填满后用调土刀刮去余土使土样与杯口齐平。

2.4.4.3　接通电源

将装有试样盛土杯放在联合测定仪的升降座上，在圆锥仪上抹一薄层凡士林，接通电源，使电磁铁吸住圆锥。

2.4.4.4　读取深度

调整升降座，使锥尖刚好与试样面接触，切断电源使电磁铁失磁，圆锥在自重作用下沉入试样中，经5s后读取圆锥入土深度。

2.4.4.5　测含水率

取出盛土杯，用小刀挖去沾有凡士林的土样，取锥体附近的试样不少于10g，放入铝盒内，测定其含水率。

重复以上步骤，测定另外两个土样的圆锥入土深度和含水率。

2.4.5　成果整理

2.4.5.1　计算公式

计算公式为

$$\omega = \frac{m_2 - m_1}{m_1 - m_0} \times 100\% \qquad (2.5)$$

式中　ω——含水率，%；

m_0——铝盒的质量，g；

m_1——铝盒加干土质量，g；

m_2——铝盒加湿土质量，g。

2.4.5.2 绘图

以含水率为横坐标、圆锥入土深度为纵坐标，在双对数坐标纸上绘制关系曲线，三点应在一直线上（见图2.4中A线），当三点不在一条直线上时，通过高含水率的点与其余两点分别连成两条直线，在入土深度为2mm处查得两个含水率，当两个含水率的差值小于2%时，应以该两点含水率的平均值与高含水率的点连一直线（见图2.4中B线）。当两个含水率的差值大于2%时，应重新做试验。

在圆锥入土深度与含水率关系曲线上查得入土深度为17mm所对应的含水率为液限，入土深度为2mm所对应的含水率为塑限，均以百分数表示。

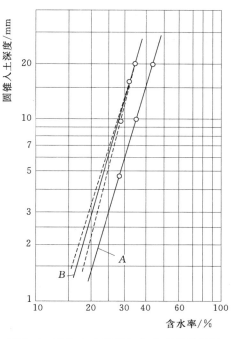

图 2.4　圆锥入土深度与含水率关系曲线

2.4.5.3 试验记录

光电式液、塑限联合测定试验记录见表2.4。

表 2.4　　　　　　　　　　　光电式液、塑限联合测定试验记录表

工程编号＿＿＿＿＿＿＿＿　　　　土样说明＿＿＿＿＿＿＿＿　　　　试验日期＿＿＿＿＿＿＿＿

计算者＿＿＿＿＿＿＿＿　　　　校核者＿＿＿＿＿＿＿＿　　　　试验者＿＿＿＿＿＿＿＿

试样编号	圆锥下沉深度/mm	盒号	盒+湿土质量/g	盒+干土质量/g	盒质量/g	水质量/g	干土质量/g	含水率/%	液限/%	塑限/%	塑性指数	液性指数

任务 2.5　细粒土的分类

2.5.1　细粒土的划分

土中细粒组含量大于或等于50%的土称为细粒类土。细粒类土应按下列规定划分：

（1）试样中粗粒组质量小于总质量25%的土称细粒土。

（2）试样中粗粒组质量为总质量的25%～50%的土称含粗粒的细粒土。

（3）试样中有机质含量在 5%～10% 的土称有机质土。

2.5.2　细粒土

细粒土可按塑性图（见图 2.5）进一步细分。塑性图的横坐标为土的液限（ω_L），纵坐标为塑性指数（I_P），塑性图中有 A、B 两条界限线。

A 线方程为：$I_P = 0.73（\omega_L - 20）$。位于 A 线上侧，且 $I_P \geq 10$ 为黏性土，位于 A 线下侧，且 $I_P < 10$ 为粉土。

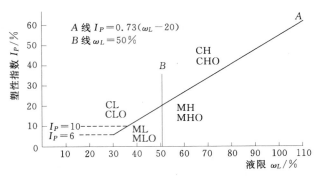

图 2.5　塑性图

B 线方程为 $\omega_L = 50\%$。$\omega_L \geq 50\%$ 为高液限，$\omega_L < 50\%$ 为低液限。

对细粒土进行分类时，按土的塑性指数和液限的交点落在塑性图中的位置确定土的类别，按表 2.5 进行分类和定名。

表 2.5　　　　　　　　　　　细 粒 土 的 分 类

土的塑性指标在塑性图中的位置		土代号	土名称
塑性指数（I_P）	液限（ω_L）		
$I_P \geq 0.73（\omega_L - 20）$ 和 $I_P \geq 10$	$\omega_L \geq 50\%$	CH	高液限黏土
	$\omega_L < 50\%$	CL	低液限黏土
$I_P < 0.73（\omega_L - 20）$ 和 $I_P < 10$	$\omega_L \geq 50\%$	MH	高液限粉土
	$\omega_L < 50\%$	ML	低液限粉土

2.5.3　含粗粒土的细粒土

在给含粗粒土的细粒土进行分类时，首先根据细粒土的塑性指数与液限的交点落在塑性图中的位置按表 2.5 确定细粒土的名称，然后按下列规定最终定名：

当粗粒中砾粒占优势时，称为含砾细粒土，应在细粒土代号后缀以代号 G。

当粗粒中砂粒占优势时，称为含砂细粒土，应在细粒土代号后缀以代号 S。

2.5.4　有机质土

有机质土同样可根据土的塑性指数与液限的交点在塑性图中的位置，按表 2.5 进行分类定名，在各相应土类代号之后缀以代号 O。

小　结

（1）界限含水率。包括液限、塑限、缩限。

（2）放锥时锥尖与土样表面务必保持垂直，而且要保持平稳，避免产生冲击力。

（3）在搓土条时注意用力要均匀，不得使土条在毛玻璃板上无压力滚动，避免出现空心现象，土条长度不应大于手掌宽度。土条不止在一处发生裂缝，应在数处同时产生裂缝才达到塑限。

（4）根据测定的液限、塑限成果，计算塑性指数和液性指数，对土进行工程分类，判定土的软硬状态。

复 习 思 考 题

1. 什么是土的塑限、液限含水率？

2. 土的塑限、液限含水率的测定方法有哪些？

3. 搓滚法塑限试验的试验原理是什么？

4. 塑性指数和液性指数的物理意义。

5. 如何对黏性土进行工程分类？

项目3 土的击实特性测试与评价

学习目标

1. 掌握黏性土击实试验的方法。
2. 理解黏性土击实性的影响因素。
3. 了解黏性土击实曲线与饱和曲线的关系。

任务3.1 土的击实特性测试

3.1.1 土的击实性

土的击实性是指土在反复冲击动荷载作用下能被压密的特性。土的击实程度用干密度来表示，它与土的含水率和击实功关系密切。

研究填土击实性的目的是揭示土在压实作用下击实功与土的干密度、含水率三者之间的关系和基本规律，从而确定适合工程需要的填土的干密度与相应的含水率，以及为达到相应击实标准所需要的最小击实功。以减小填土的压缩性和透水性，提高其抗剪强度。

土的击实性研究方法有两种：一种是用击实仪进行室内击实试验；另一种是在现场用压实机械进行碾压试验。

3.1.2 土的击实性测试方法

某地拟新建一座水库工程，经地质勘察和天然建筑材料调查，初选坝型为黏土心墙风化料坝。在初步设计阶段，土质防渗料采用击实仪进行室内击实试验，以确定土质防渗体的心墙回填土料的最优含水率和最大干密度，为工程设计提供初步的设计和填筑标准。在施工阶段采用现场碾压试验，以查明筑坝土料的设计填筑标准、堆填方法，压实机械和碾压施工参数等填筑条件。

3.1.3 室内击实试验

3.1.3.1 试验目的和适用范围

（1）本试验的目的是用标准击实方法，测定土的密度与含水率的关系，从而确定土的最优含水率与最大干密度。

（2）室内击实试验的适用范围等参数见表3.1。

表 3.1				击实仪主要部件尺寸规格及试验参数						
试验方法	锤底直径/mm	锤质量/kg	落高/mm	击实功能/（kJ/m³）	击实筒			护筒高度/mm	适应粒径/mm	操作要求/（击/层）	土样数量/kg
					内径/mm	筒高/mm	容积/cm³				
轻型	51	2.5	305	592.2	102	116	947.4	≥50	<5	25/3	≥20
重型	51	4.5	457	2684.9	152	116	2103.9	≥50	<20	56/5	≥50

3.1.3.2 引用标准

《土工仪器的基本参数及通用技术条件》(GB/T 15406—94)。第一篇：室内土工仪器。

《击实仪》(GB 7960—87)。

《击实仪效验方法》(SL 112—95)。

3.1.3.3 仪器设备

1. 仪器设备

（1）击实仪：由击实筒、击锤和护筒组成（见图 3.1）。轻型击实仪锤底直径 51mm，锤质量 2.5kg，落高 305mm；击实筒内径 102mm，筒高 122mm，容积 947.4cm³；护筒高度不小于 50mm。

（2）击实仪的击锤应配导筒，击锤与导筒间应有足够的间隙使锤能自由下落。电动操作的击锤必须有控制落距的跟踪装置和控制锤击点按一定角度（轻型 53.5°、重型 45°）均匀分布的装置。

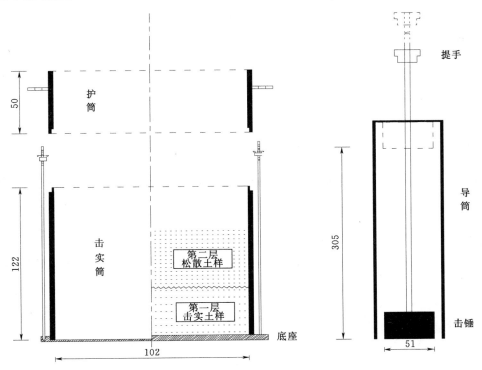

图 3.1　击实仪（单位：mm）

（3）天平：称量 200g，分度值 0.01g。

（4）台秤：称量 10kg，分度值 5g。

（5）标准筛：孔径为 5mm 与 20mm。

（6）试样推出器：宜用螺旋式或液压式千斤顶或电动脱模器。

（7）其他：烘箱、喷水设备、碾土设备、盛土器、修土刀和保湿设备等。

2. 仪器设备的检定和校准

（1）击实仪应按校验方法进行校验。

（2）天平和其他计量器具应按有关检定规程进行检定。

（3）试验前后应对仪器的性能特别对落距跟踪装置进行检查并做记录。

3.1.3.4　操作步骤

1. 试样制备

（1）干法制备。取一定量的代表性风干土样，放在橡皮板上用木碾碾散，并分别按下列方法备样（见表 3.1）：轻型击实试验过 5mm 筛，重型击实试验过 20mm，将筛下土样拌匀，并测定土样的风干含水率。根据土的塑限预估最优含水率，按依次相差约 2% 的含水率制备一组（不少于 5 个）试样，其中应有 2 个含水率大于塑限，2 个含水率小于塑限，1 个含水率接近塑限。并按式（3.1）计算应加水量：

$$m_w = \frac{m}{1 + 0.01\omega} \times 0.01(\omega - \omega_0) \tag{3.1}$$

式中　m_w——土样所需加水质量，g；

m——风干含水率时的土样质量，g；

ω_0——风干含水率，%；

ω——土样所要求的含水率，%。

将一定量（轻型击实仪取土样约 2.5kg，重型击实仪取土样约 5.0kg）的土样平铺于不吸水的盛土盘内，按预定含水率用喷水设备往土样上均匀喷洒所需加水量，拌匀并装入塑料袋内或密封于盛土器内备用。静置时间分别为：高液限黏土（CH）不得少于 24h，低液限黏土（CL）可酌情缩短，但不应少于 12h。

（2）湿法制备。取天然含水率的代表性土样碾散，按粒度要求过筛，将筛下土样拌匀，分别风干或加水到所要求的不同含水率。制备试样时必须使土样中含水率分布均匀。

2. 试样击实

（1）将击实仪放在坚实的地面上，击实筒内壁和底板涂一薄层润滑油，联结好击实筒与底板，安装好护筒。检查仪器各部件及配套设备的性能是否正常，并做好记录。

（2）从制备好的一份试样中称取一定土料，分 3 层或 5 层倒入击实筒内并将土面整平，分层击实。对于分 3 层击实的轻型击实法，每层土料的质量为 600～800g（其量应使击实后试样的高度略高于击实筒的 1/3），每层 25 击。对于分 5 层击实的重型击实法，每层土料的质量宜为 900～1100g（其量应使击实后的试样的高度略高于击实筒的 1/5），每层 56 击。如为手工击实，应保证使击锤自由铅直下落，锤击点必须均匀分布于土面上；如为机械击实，可将定数器拨到所需的击数处，按动电钮进行击实。击实后的每层试样高度应大致相等，两层交接面的土面应刨毛。击实完成后，超出击实筒顶的试样高度应小于 6mm。

（3）用修土刀沿护筒内壁削挖后，扭动并取下护筒，测出超高。沿击实筒顶细心修平试样，拆除底板。如试样底面超出筒外，亦应修平。擦净筒外壁，称筒加土总重，准确至 1g。

（4）用推土器从击实筒内推出试样，从试样中心处取 2 个一定量土料（轻型为 15～30g，重型为 50～100g），平行测定土的含水率，称量准确至 0.01g，含水率的平行误差不得超过 1%。

（5）按同样方法对其他几组含水率的土样进行击实。一般不重复使用土样。

3.1.3.5　计算及制图

1. 计算

（1）按式（3.2）计算击实后各试样的含水率：

$$\omega = \left(\frac{m}{m_d} - 1\right) \times 100\% \tag{3.2}$$

式中　ω——含水率，%；

　　m——湿土质量，g；

　　m_d——干土质量，g。

（2）按式（3.3）计算击实后各试样的干密度：

$$\rho_d = \frac{\rho}{1 + 0.01\omega} \tag{3.3}$$

式中　ρ_d——土的干密度，g/cm³；

　　ρ——土的密度，g/cm³；

　　ω——含水率，%。

计算至 0.01g/cm³。

（3）按式（3.4）计算土的饱和含水率：

$$\omega_{sat} = \left(\frac{\rho_w}{\rho_d} - \frac{1}{G_s}\right) \times 100\% \tag{3.4}$$

式中　ω_{sat}——饱和含水率，%；

　　G_s——土粒比重；

　　ρ_w——水的密度，g/cm³，数值为 0.998232，近似计算可取 1。

2. 绘图

（1）绘制击实特性曲线（见图 3.2）。以干密度为纵坐标、含水率为横坐标，绘制干密度与含水率的关系曲线。曲线上峰值点的纵、横坐标分别代表土的最大干密度和最优含水率。如果曲线上不能给出峰值点，应进行补点试验。

（2）按饱和含水率计算公式计算各个干密度下土的饱和含水率，绘制饱和曲线（见图 3.2）。

3. 校正

（1）轻型击实试验中，当粒径大于 5mm 的颗粒含量小于 30% 时，按式（3.5）计算校正后的最大干密度（计算至 0.01g/cm³）：

$$\rho'_{d\max} = \cfrac{1}{\cfrac{1-P}{\rho_{d\max}} + \cfrac{P}{G_{s2}\rho_w}} \tag{3.5}$$

式中　$\rho'_{d\max}$——校正后的最大干密度，g/cm³；

　　　　$\rho_{d\max}$——粒径小于 5mm 试样的最大干密度，g/cm³；

　　　　ρ_w——水的密度，g/cm³；

　　　　P——粒径大于 5mm 颗粒的含量（用小数表示）；

　　　　G_{s2}——粒径大于 5mm 颗粒的干比重。

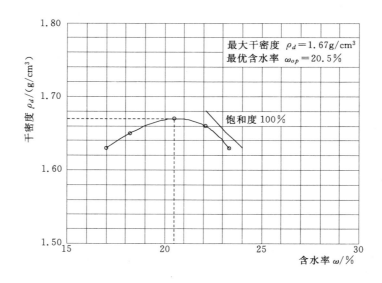

图 3.2　击实特性曲线

（2）轻型击实试验中，当粒径大于 5mm 的颗粒含量小于 30% 时，按式（3.6）计算校正后的最优含水率（计算至 0.01%）：

$$\omega'_{op} = \omega_{op}(1-P) + P\omega_2 \tag{3.6}$$

式中　ω'_{op}——校正后的最优含水率，%；

　　　　ω_{op}——粒径小于 5mm 试样的最优含水率，%；

　　　　ω_2——粒径大于 5mm 颗粒的吸着含水率，%。

3.1.3.6　试验记录

击实试验记录见表 3.2。

3.1.3.7　试验报告

以试验小组为单位，完成一组试样的击实试验实际操作，并有完整的原始试验记录，个人单独完成试验成果展示。

（1）试样（堤坝或地基填土）的击实指标计算。

（2）绘制击实特性曲线和饱和曲线图（见图 3.3）。

击实试验记录表

表 3.2

工程名称＿＿＿＿　　每层击数＿＿＿＿　　土样类别＿＿＿＿　　试验者＿＿＿＿
土样编号＿＿＿＿　　击实筒容积＿＿＿＿　　土粒比重＿＿＿＿　　计算者＿＿＿＿
仪器编号＿＿＿＿　　试验日期＿＿＿＿　　风干含水率＿＿＿＿　　校核者＿＿＿＿

试验序号	筒加土质量/g	筒质量/g	湿土质量/g	密度/(g/cm³)	干密度/(g/cm³)	盒号	盒加湿土质量/g	盒加干土质量/g	盒质量/g	湿土质量/g	干土质量/g	含水率/%	平均含水率/%
	(1)	(2)	(3)	(4)	(5)		(6)	(7)	(8)	(9)	(10)	(11)	(12)
		$(1)-(2)$	$\dfrac{(3)}{V}$	$\dfrac{(4)}{1+0.01\times(12)}$					$(7)-(9)$	$(8)-(9)$	$\left[\dfrac{(10)}{(11)}-1\right]\times100$	

最大干密度：　　　　g/cm³　　　　最优含水率：　　　　%

大于 5mm 颗粒含量：　　　　%

校正后最大干密度：　　　　g/cm³　　　　饱和度：　　　　%

校正后最优含水率：　　　　%

（3）求出堤坝或地基填土最优含水率（ω_{op}）和最大干密度（$\rho_{d\max}$）。

（4）根据现行规范的规定进行评价。

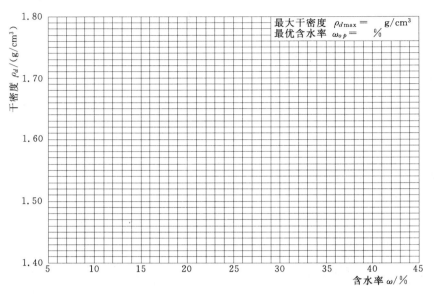

图 3.3　击实曲线

根据试验结果完成以下工作：

（1）评价试样的颗粒组成特性。

（2）对比试样的天然含水率与最优含水率的关系，为设计和施工部门提出控制填筑施工含水率的建议。

（3）分析评价影响试样击实性的主要影响因素。

（4）根据现行规范的规定，结合工程建设规模和等级对填筑土料施工压实度作出评价和建议。

3.1.4　现场碾压试验

3.1.4.1　试验目的和要求

现场碾压试验的目的是检验、修正各种填筑坝料的设计填筑标准，确定经济合理的铺料方式、碾压程序、碾压施工参数（包括填筑料级配、填筑层厚、碾压遍数、行车速度等），选择适宜的碾压机械设备，优化施工参数，制定填筑施工实施细则与技术要求，提出质量控制的技术标准与检验方法。

根据设计对坝体填筑的要求，通过现场碾压试验确定在不同含水率条件下的各种铺料厚度与不同碾压遍数的压实效果，验证设计提出的各种筑坝材料控制指标的合理性及其优化方案，研究各种填筑材料的压实效果。

3.1.4.2　试验场地位置选择与场地平整

碾压试验场地应平坦，且有足够错车转向宽度，在靠近料场或坝体不重要部位进行实验。进行碾压试验前场地需按要求完成平整工作。

在选定的试验场地用试验料先在地基上铺压一层，用振动碾平压一遍后进行振动碾压若干遍（一般 6～8 遍），直到相邻两次的碾压沉降量小于 1cm、密实度大于试验料设计干密度为止，压实到设计标准后，用机械配合人工找平；若地基本身满足要求，则以地基上找平为基层，直接在地基上进行碾压试验。平整度要求控制在 ±10cm 以内，最后试验组合界线用全站仪测量定点，划分各试验组合的区域。场地四周要有排水沟，以防止场地积水。

3.1.4.3 现场碾压试验

1. 填筑材料上料

从设计选定的料场挖取合格料源进行填筑，填筑时采用反铲配合自卸车将合格填筑材料拉运至试验场地。

2. 摊铺

铺料分为卸料和平料两道工序，铺料过程中一定要注意以下两点：①铺料层厚要均匀；②对已压实的合格土料不产生剪力作用，试验采用进占法，即汽车在已平好的松土层上卸料，用推土机向前进占平料，这种方法不易产生剪力破坏，然后用人工平料，再测量推平后的高程，最终推平厚度为预定厚度 ±5cm。

3. 碾压

试验采用自行式振动碾。振动碾在场外起振到正常后，在专人指挥下按预定行走路线进场，碾压试验时行车速度控制在 2～3km/h 以内，匀速行驶，碾压时采用进退错距法，进退一个循环按碾压一遍计，各道之间应搭接 20～40cm，先进行第一层的碾压试验，再进行第二层的碾压试验，最后进行第三层的碾压；对于碾压边缘及转角部位等大型机械难以施工的死角，采用手扶式振动碾进行施工，压实后用全站仪测量高程。

4. 试验

按照《土工试验规程》（SL 237—1999）、《土工试验方法标准》（GB/T 50123—1999）及《碾压式土石坝施工规范》（DL/T 5129—2001）进行碾压试验，通过试验确定出筑坝料铺土料厚度、碾压遍数、行车速度、错车方式、含水率等最佳碾压施工参数。

3.1.4.4 试验成果整理

试验完成后，将试验资料进行系统整理分析，绘制成果图表，编制现场碾压试验报告，提交成果如下：

（1）提出与各类坝料相适应的压实机械和参数。

（2）提出各坝料的物理、力学参数与干密度控制指标，验证设计标准的合理性。

（3）提出达到设计标准的施工参数及施工工艺。

3.1.5 堤坝填土的填筑质量检测方法

3.1.5.1 检测依据和标准

（1）《土工试验规程》（SL 237—1999）。

（2）《土工试验方法标准》（GB/T 50123—1999）。

（3）《碾压式土石坝设计规范》（SL 274—2001）。

（4）《碾压式土石坝施工规范》（DL/T 5129—2001）。

（5）《水利水电工程施工质量检验与评定规程》（SL 176—2007）。

（6）《水利工程质量检测管理规定》（中华人民共和国水利部令第36号）。

（7）堤坝设计资料与现场碾压试验报告要求的压实干密度指标（ρ_{dy}）。

3.1.5.2　检测方法

堤坝填土的填筑质量检测方法主要是采用环刀法测定填土的填筑密度，采用烘干法测定填土的填筑含水率，然后根据干密度计算公式计算填土的填筑干密度（ρ_{dt}）。检测取样点按纵横间距约30～35m布置，取样深度应在压实面2/3以下处。

3.1.5.3　填筑质量评价

将填筑干密度（ρ_{dt}）与压实干密度（ρ_{dy}）相比，其比值不小于1，则堤坝填筑质量等级应定为合格以上。

$$\rho_{dt}/\rho_{dy} \geqslant 1 \tag{3.7}$$

式中　　ρ_{dt}——土的现场填筑干密度，g/cm³；

ρ_{dy}——土的压实干密度，g/cm³。

任务3.2　土的击实特性评价

3.2.1　土的击实特性分析评价

3.2.1.1　土的击实特性指标

通过室内击实试验，可以获得在相同击实功（即击数相同）作用下，不同含水率试样的密度和干密度。以干密度为纵坐标、含水率为横坐标，绘制干密度与含水率的关系曲线。曲线上峰值点的纵、横坐标分别代表土的最大干密度和最优含水率（见图3.2）。

最大干密度和最优含水率即是通常所说的土的击实特性指标。

3.2.1.2　土的击实特性曲线

图3.2所示的击实特性曲线上，峰值点左边的干密度随着含水率的增大而增大，含水率较小时增大的趋势较大，以后逐渐减慢，到达峰值点结束；峰值点右边的干密度随着含水率的增大而减小，起初减幅小，以后逐渐增大。其原因如下：

（1）当黏性土的含水率较小时，土粒周围的水膜较薄，土粒间的连结力较大，土在击实时受到的阻力较大，土团也不易被打碎，所以土的干密度较小。

（2）当土中含水率增大时，水膜增厚，使土粒间的连结力减小，水膜与粒间的连结力对击实功的抵消作用减小，加之气体被挤出和水的润滑作用等使土容易变密，故可得较大干密度。

（3）当土中含水率接近最优含水率时，由于水膜增厚，土粒间的连结力、摩阻力减小，在击实功作用下，土粒的排列更紧密，故可得到更大的干密度。

（4）当土中含水率大于最优含水率时，由于土中产生的孔隙水压力和存在的封闭气体抵消了较多的击实功，当击锤击打部分下陷土时其余表面则向上隆起，这种现象俗称"橡皮土"或"弹簧土"，因而使土的密度随含水率的增大反而减小。

3.2.1.3　土的饱和曲线

图3.2中击实特性曲线右上侧的饱和曲线表示土在饱和状态时含水率与干密度的关

系。从图 3.2 可见，饱和曲线与击实曲线不相交，这是因为在任何含水率的情况下，土都不会被击实到完全饱和状态，亦即击实后土内总留存一定量的封闭气体，所以，击实土是非饱和的。相应于最大干密度的饱和度在 80％左右。因而，可利用饱和曲线是否与击实曲线相交来核对击实试验成果的合理性。

3.2.2 土的击实特性评价

由于黏性土中的黏粒含量越高，塑性指数越大，击实越困难，最大干密度越小则最优含水率越高，所以通过对击实特性曲线的分析，从曲线上最优含水率（ω_{op}）值的大小大致可判断土料黏性程度。最优含水率（ω_{op}）值越大则土料越黏。若最优含水率（ω_{op}）过大，应结合土的塑性图和土的各项指标综合分析土料有无膨胀性，甚至补做土的膨胀率试验等。还可根据现场土料压实后的干密度与最大干密度的比值大小（即压实度）来判断填土压实质量、碾压机械能否满足工程要求。

压实度（D）是相对密实度指标，它是压实后的干密度（ρ_d）与实验室标准击实功能下的最大干密度（$\rho_{d\max}$）之比，通常用百分数表示。压实度（D）值越大压实质量越高，反之则差，但压实度（D）大于 100％时则表明实际压实功已超过标准击实功。

黏性土的压实度要求为：1 级、2 级坝和高坝的压实度应为 98％～100％，3 级中、低坝及 3 级以下的中坝压实度应为 96％～98％。

压实度（D）的计算公式如下：

$$D = \frac{\rho_{dt}}{\rho_{d\max}} \times 100\% \tag{3.8}$$

式中　　D——压实度，％；

　　　　ρ_{dt}——土的现场填筑干密度，g/cm^3；

　　　　$\rho_{d\max}$——土的标准击实最大干密度，g/cm^3。

在使用上式时必须明确公式中的最大干密度（$\rho_{d\max}$）是在多大标准击实功下获得的，以避免不必要的误解。

在填土碾压工程中，当压实度（D）确定后就可以计算压实后土的压实干密度（ρ_{dy}），作为填土施工质量控制指标。

$$\rho_{dy} = D\rho_{d\max} \tag{3.9}$$

式中　　ρ_{dy}——土的压实干密度，g/cm^3；

　　　　其他参数指标意义同前。

3.2.3 影响土击实性的因素

土的击实性主要与含水率、土粒级配、击实功大小和有机质含量等因素有关。

3.2.3.1 土的含水率

黏性土的含水率过低或过高时，均不易击实到较高的密度。在一定击实功能下，只有当含水率达到最优含水率时，才能击实到较大密度。黏性土的最优含水率一般接近黏性土的塑限。

3.2.3.2 击实功

增大击实功，可使土的最优含水率变小，最大干密度增大。但干密度的增加不与击实功增大成正比，特别是当土过湿时，由于孔隙水压力作用，反而会使击实功的效果减弱，故不能单纯用加大击实功的办法来提高土的密度。

3.2.3.3 土粒级配

在相同的击实功条件下，级配不同的土，其击实的效果是不相同的。粗粒含量多、颗粒级配良好的土，最大干密度较大，最优含水率较小，级配情况对砂土，砂砾石等粗粒土的击实性影响较大。

在填料为黏性土的土坝设计中，常以击实试验的成果控制含水率，以相应于最优含水率的干密度为设计密度。但由于施工的压实机械（如羊角碾压路机、振动式压路机等）和室内击实试验的功能不同，因此，击实试验成果与现场压实情况存在差异。所以击实试验的成果只能作为选择填土料控制密度的参考，特别是当土料的天然含水率偏大时，施工的控制含水率，要结合施工条件，分析各方面的因素后，才能确定下来。因此，还必须进行工地压实试验。

3.2.3.4 有机质

有机质比黏土矿物有更强的胶体特性和更高的亲水性，而且有机质还可能进一步分解使土性质恶化。当黏性土中的有机质含量达到或超过 5%、砂土中的有机质含量达到或超过 3% 时，土的工程性质就开始具有显著的变化，会导致土的含水率显著增大，并呈现出较高的压缩性和较低的强度。所以土中的有机质对土的击实效果有不好的影响。

小　　结

（1）本项目介绍了黏性土击实曲线与饱和曲线是不相交的关系。

（2）黏性土击实性的影响因素主要有含水率、土粒级配、击实功大小和有机质含量等。

（3）重点学习了黏性土击实试验的方法。系统练习了制样→击实→计算制图→换算最优含水率和最大干密度等击实指标→试验报告编制→试验成果评价→试验成果的应用与展示等各个环节。

（4）学习了现场碾压试验的目的和要求、基本方法以及试验成果整理等内容。

复 习 思 考 题

1. 思考填土击实性的目的和研究方法。
2. 简述土的击实特性曲线和饱和曲线的绘制方法。
3. 简述土的击实特性试验报告的主要内容。
4. 现场碾压试验报告应提交成果有哪些？
5. 影响土击实性的因素有哪些？

项目4 砂土的颗粒级配测试、密实度评价与土的工程分类

学习目标

1. 理解土的粒组概念、划分标准及颗粒分析方法。
2. 掌握颗粒级配的概念、表达方法、评价指标和评价标准。
3. 理解砂土的密实度概念和评价方法。
4. 掌握《土工试验规程》（SL 237—1999）对土的分类定名方法。
5. 了解《建筑地基基础设计规范》（GB 50007—2011）对土的工程分类。

任务4.1 土 的 粒 组

4.1.1 粒组的划分

自然界中的土由无数大小不一、形状各异且变化悬殊的土颗粒组成。土颗粒的大小常以粒径表示，各种不同粒径的土粒在土中的比例不同，直接影响土的性质。工程上通常将工程性质相近的一定粒径范围的土粒划分为一组，称为粒组，划分粒组的分界粒径称为界限粒径。

目前，对粒组的划分，各个国家，甚至同一国家的不同行业部门都有不同的规定，表4.1为我国《土工试验规程》（SL 237—1999）中规定的粒组划分情况。

表 4.1 土 的 粒 组 划 分

粒组统称	粒组划分		粒径（d）的范围/mm	主要特征
巨粒组	漂石（块石）组		$d > 200$	透水性很大，无黏性，压缩性极小，无毛细水
	卵石（碎石）组		$200 \geq d > 60$	
粗粒组	砾粒（角砾）	粗砾	$60 \geq d > 20$	透水性大，无黏性，压缩性极小，毛细水上升高度很小
		中砾	$20 \geq d > 5$	
		细砾	$5 \geq d > 2$	
	砂粒	粗砂	$2 \geq d > 0.5$	易透水，无黏性，压缩性小，毛细水上升高度不大
		中砂	$0.5 \geq d > 0.25$	
		细砂	$0.25 \geq d > 0.075$	
细粒组	粉粒		$0.075 \geq d > 0.005$	透水性小，具微黏性，压缩性中等，毛细水上升高度较大
	黏粒		$d \leq 0.005$	透水性极弱，具黏性，压缩性变化大，具可塑性

4.1.2　土的颗粒分析方法

由于土是由不同粒组所组成的混合物，其性质取决于土中不同粒组的相对含量，为便于了解土的颗粒级配、判别土的工程性质，通常采用颗粒分析试验对土的颗粒级配进行分析。颗粒分析试验就是测定土中各粒组颗粒质量占该土总质量的百分数并确定粒径的分布范围，常用的颗粒分析试验方法分为筛析法和密度计法。

筛析法适用于粒径大于 0.075mm 的土。它是用一套孔径不同的标准筛，将按规定方法取得的一定质量的干试样放入一套自上而下孔径逐渐变小的标准筛，在振筛机上充分振摇后，称出留在各级筛子上的土粒质量，并计算出小于某粒径的土粒含量百分数。密度计法适用于粒径小于 0.075mm 的土。它是将少量细粒土放入清水中，利用不同大小的土粒在水中的沉降速度不同来确定小于某粒径土粒含量的方法。

若土中同时含有粒径大于和小于 0.075mm 的土粒时，两种分析方法可联合使用。

任务4.2　土 的 级 配 曲 线

土粒的大小及其组成情况，通常以土中各个粒组的相对含量（即土样各粒组的质量占土粒总质量的百分数）来表示，称为土的颗粒级配。土的颗粒级配好坏将直接影响土的工程性质。

根据颗粒分析试验结果，常采用颗粒级配曲线表示土的颗粒级配。颗粒大小分布曲线是以用对数尺度表示的土的粒径为横坐标、小于某粒径土质量占试样总质量的百分数为纵坐标绘制而成的曲线。由于通常土粒大小的变化范围很大，横坐标用对数尺度能将细小土粒含量都表示出来，尤其能把占总重量小，但对土的性质影响较大的微小土粒部分表示出来根据颗粒大小分布曲线可求出土中所含各粒组的质量占总土质量的百分数。如图 4.1 中曲线 03 所示的粒组含量中，砾（＞2mm）占 51.00%，砂（0.075～2mm）占 38.00%，粉粒（0.005～0.075mm）占 6.00%，黏粒（＜0.005mm）占 5.00%。由大小相近的颗粒所组成的土，常具有某些共同的特性，所以土粒级配可作为粗粒土的工程分类和土料选择的依据。

另外，从颗粒大小分布曲线还可以看出土粒的分布情况。若曲线坡度较平缓，呈渐变状，表明土粒大小分布范围广泛，土粒大小不均匀，是连续级配，因而粒组级配良好；若曲线出现水平段，或呈阶梯状，则说明土的粒度成分不连续，主要由大颗粒和小颗粒组成，缺乏某些中间粒径的土粒，这样的级配称为不连续级配；形状较陡，表示土粒大小分布范围较小。为了判别土粒级配是否良好，常用不均匀系数 C_u 和曲率系数 C_c 两个指标来分别描述颗粒级配曲线的坡度和形状特征，并对其工程性质进行初步判别。

$$C_u = \frac{d_{60}}{d_{10}} \tag{4.1}$$

$$C_c = \frac{d_{30}^2}{d_{10}d_{60}} \tag{4.2}$$

上二式中　　C_u——不均匀系数；

C_c——曲率系数；

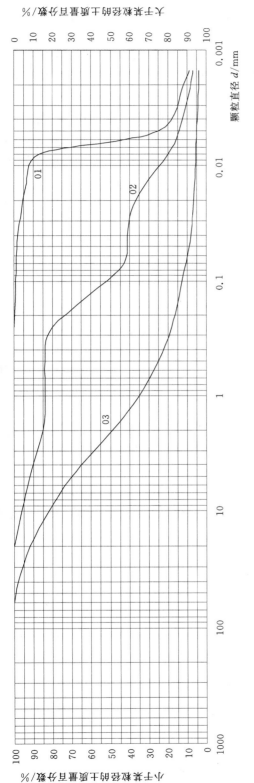

图 4.1 颗粒大小分布曲线

试样编号	巨粒组含量 /%			粗粒组含量 /%			细粒组含量 /%			$C_u = \dfrac{d_{60}}{d_{10}}$	$C_c = \dfrac{d_{30}^2}{d_{10}d_{60}}$	土的分类名称				
	漂石(块石)	卵石(碎石)	砾粒(角砾)		砂粒	粉粒	黏粒				
	$d>200$	$200 \geqslant d>60$	$60 \geqslant d>2$	$2 \geqslant d>0.075$	$0.075 \geqslant d>0.005$	$d \leqslant 0.005$				
	mm	mm	mm	mm	mm	mm				
01	0.00	0.00	0.00	1.00	74.00	25.00	3.50	2.48	级配不良的粉土
02	0.00	0.00	15.00	41.00	30.00	14.00	14.81	0.48	级配不良的粉土质砂
03	0.00	0.00	51.00	38.00	6.00	5.00	49.23	2.56	级配良好的含细粒土砾

工程编号 _____
土样编号 _____
土样说明 _____
试验日期 _____
试 验 者 _____
计 算 者 _____
制 图 者 _____

d_{10}——有效粒径，在粒径分布曲线上小于某粒径的土含量占总土质量的 10% 的粒径；

d_{30}——在粒径分布曲线上小于某粒径的土含量占总土质量的 30% 的粒径；

d_{60}——限制粒径，在粒径分布曲线上小于某粒径的土含量占总土质量的 60% 的粒径。

不均匀系数 C_u 反映粒径曲线坡度的陡缓，表明土颗粒大小的不均匀程度，是反映土颗粒组成不均匀程度的参数。C_u 值越大，表示颗粒级配曲线的坡度越平缓，土粒大小越不均匀；反之，C_u 值越小，表明颗粒级配曲线的坡度越陡。工程上常将 $C_u < 5$ 的土称为均匀土，而把 $C_u \geqslant 5$ 的土称为非均匀土。

曲率系数 C_c 反映颗粒大小分布曲线的整体形状及细粒含量，据研究资料指出，$C_c < 1.0$ 的土往往级配不连续，细粒含量大于 30%；$C_c > 3.0$ 的土也是不连续的，细粒含量小于 30%；当 $C_c = 1 \sim 3$ 时，表示土粒大小级配的连续性较好或土粒大小变化有一定规律。

因此，如果要满足土粒级配良好的要求，除土粒大小必须不均匀系数 $C_u \geqslant 5$ 外，还要求颗粒大小分布曲线有较好的连续性，符合曲率系数 $C_c = 1 \sim 3$ 的条件。所以，在工程实际中，对粒土级配是否良好的判定规定如下：

（1）级配良好的土。对级配良好的土而言，多数粒径分布曲线的主段呈光滑下凹的型式，曲线坡度较缓，土颗粒大小连续，曲线主段粒径之间有一定变化规律，能同时满足 $C_u \geqslant 5$ 和 $C_c = 1 \sim 3$ 两个条件。故可判定该土样为级配良好的土（含细粒土砾）或良好级配土。

（2）级配不良的土。级配不良的土的粒径分布曲线坡度较陡，即土颗粒大小比较均匀，或土颗粒大小虽然较不均匀，但其粒径分布曲线不连续，出现水平段，表明有缺粒段，呈阶梯状形态。这些土都属于级配不良的土，即它不能同时满足 $C_u \geqslant 5$ 和 $C_c = 1 \sim 3$ 两个条件。故可判定该土样为级配不良的（粉）土。

级配良好的土，颗粒间的孔隙可为小颗粒填充，因而容易密实，土的密度较大，渗透性和压缩性都较小，土的抗剪强度也较高。故土粒级配常作为堤坝工程填料选择的依据。

【例 4.1】　某土样质量 100g 的颗粒分析结果列于表 4.2，试绘制级配曲线，并确定不均匀系数以及评价级配均匀情况。

表 4.2　　　　　　　　某土样质量 100g 的颗粒分析结果

粒径/mm	0.25～0.1	0.1～0.05	0.05～0.02	0.02～0.01	0.01～0.005	0.005～0.002	<0.002
相对含量/%	5.0	5.0	17.1	32.9	18.6	12.4	9.0

解：由表 4.2 得出土的颗粒分析试验结果见表 4.3。

表 4.3　　　　　　　　某土样质量 100g 的颗粒分析结果

孔径/mm	留筛土质量/g	小于该孔径的土质量/g	小于该孔径的土的百分数/%
0.25	0	100	100
0.1	5	95	95
0.05	5	90	90

续表

孔径/mm	留筛土质量/g	小于该孔径的土质量/g	小于该孔径的土的百分数/%
0.02	17.1	72.9	72.9
0.01	32.9	40	40
0.005	18.6	21.4	21.4
0.002	12.4	9	9
<0.002	9	0	0

根据表4.3绘制出颗粒大小分布曲线（见图4.2）。

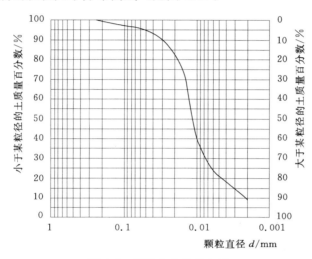

图4.2 颗粒大小分布曲线

由颗粒大小分布曲线可查得：$d_{60} = 0.016$，$d_{30} = 0.007$，$d_{10} = 0.0023$，故

$$C_u = \frac{d_{60}}{d_{10}} = \frac{0.016}{0.0023} \approx 6.96$$

$$C_c = \frac{d_{30}^2}{d_{60} \cdot d_{10}} = \frac{0.007^2}{0.016 \times 0.0023} \approx 1.33$$

由于同时满足 $C_u \geqslant 5$ 和 $C_c = 1 \sim 3$ 的条件，故为级配良好的土。

任务4.3　砂土的颗粒级配

4.3.1　试验目的

通过筛析法测定砂土各颗粒组占该土总质量的百分数，以便了解土粒的组成情况，供砂类土的分类、判断土的工程性质及建材选料之用。

4.3.2　试验原理

土的颗粒组成在一定程度上反映了土的性质，工程上常依据颗粒组成对土进行分类，粗粒土主要是依据颗粒组成进行分类的，细粒土由于矿物成分、粒径形状及胶体含量等因素，则不能单以颗粒组成进行分类，而要借助于塑性图或塑性指数进行分类。颗粒分析试验可分为筛析法和密度计法，对于粒径大于 0.075mm 的土粒可用筛析法测定，而对于粒径小于 0.075mm 的土粒则采用密度计法来测定。筛析法是将土样通过各种不同孔径的筛子，并按筛子孔径的大小将颗粒加以分组，然后再称重并计算出各个粒径占总量的百分数。

4.3.3　仪器设备

（1）试验筛：应符合 GB 6003—85 的要求。

粗筛：圆孔。孔径为 60mm、40mm、20mm、10mm、5mm、2mm。

细筛：孔径为 2.0mm、1.0mm、0.5mm、0.25mm、0.1mm、0.075mm（见图 4.3）。

（2）天平：称量 1000g，分度值 0.1g；称量 200g，分度值 0.01g。

（3）台秤：称量 5kg，分度值 1g。

（4）振筛机：应符合 GB 9909—88 的技术条件。

（5）其他：烘箱、量筒、涌斗、瓷杯、研钵（附带橡皮头研杆）、瓷盘、毛刷、匙、木碾等。

4.3.4　操作步骤

4.3.4.1　制备土样

（1）风干土样，将土样摊成薄层，在空气中放置 1～2 天，使土中水分蒸发。若土样已干，则可直接使用。

（2）试样中有结块时，可将试样倒入研钵中，用研棒研磨，使结块成为单独颗粒为止。但须注意，研磨力度要合适，不能把颗粒研碎。

（3）从准备好的土样中取代表性试样，数量如下：

粒径小于 2mm 颗粒的土取 100～300g；

最大粒径小于 10mm 的土取 300～1000g；

最大粒径小于 20mm 的土取 1000～2000g；

最大粒径小于 40mm 的土取 2000～4000g；

最大粒径小于 60mm 的土取 4000g 以上。

用四分法来选取试样（见图 4.4）。将土样充分拌匀，倒在纸上成圆锥形，然后用直尺以圆锥顶点为中心，向一定方向旋转，使圆锥成为 1～2cm 厚的圆饼状。继而用直尺划两条相互垂直的直线，把土样分成四等份，取走相同的两份，将留下的两份土样拌匀；重复上述步骤，直到剩下的土样约等于需要量为止。

4.3.4.2　过筛及称量

（1）按规定数量取出试样，称量准确至 0.1g；当试样质量多于 500g 时，应准确至 1g。

（2）将试样过孔径为 2mm 细筛，分别称出筛上和筛下土质量。

（3）将已称量的试样倒入顶层筛盘中，盖好盖，用摇筛机摇振，持续时间一般为 10～15min，然后按从上至下的顺序取下筛盘，在白纸上用手轻叩筛盘，摇晃，直到筛净为止。将漏在白纸上的土粒倒入下一层筛盘内，按此顺序，直到最末一层筛盘筛净为止。

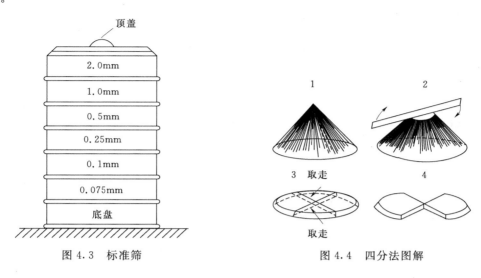

图 4.3　标准筛　　　　　　　　　　图 4.4　四分法图解

（4）逐级称量留在各筛盘上的土粒质量，准确至 0.1g，并测量试样中最大颗粒的直径。若 2mm 筛下的土，小于试样总质量的 10％，则可省略细筛筛析。

4.3.5　试验注意事项

（1）检查标准筛叠放顺序是否正确（大孔径在上，小孔径在下），筛孔是否干净，若夹有土粒，需刷净。

（2）筛析法采用振筛机，在筛析过程中应能上下振动，水平转动。

（3）在筛析中，尤其是将试样由一器皿倒入另一器皿时，要避免微小颗粒的飞扬。

（4）过筛后，要检查筛孔中是否夹有颗粒，若夹有颗粒，应将颗粒轻轻刷下，放入该筛盘上的土样中，一并称量。

4.3.6　试验成果整理

（1）按式（4.3）计算小于某粒径的试样质量占试样总质量的百分比，准确至小数点后一位。

$$X = \frac{m_A}{m_B} \times 100\%$$ 　　　　　　　（4.3）

式中　　X——小于某粒径的试样质量占试样总质量的百分比，％；

　　　　m_A——小于某粒径的试样质量，g；

　　　　m_B——所取试样总质量，g。

各筛盘上土粒的质量之和与筛前所称试样的质量之差不得大于 1％，否则应重新试验。若两者差值小于 1％，应分析试验过程中误差产生的原因，分配给某些粒组；最终，各粒组百分含量之和应等于 100％，将试验数据填写在记录表中。

（2）查土类。若粒径小于 0.075mm 的含量大于 50％ 则该土不是砂土，而是细粒土，可采用密度计法进行分析。

（3）绘制颗粒大小分布曲线，求不均匀系数 C_u 和曲率系数 C_c，分析该土的均一性，并确定土的名称。

（4）填写筛析法颗粒分析试验记录表（见表 4.4）。

表 4.4　　　　　　　　　　　　**颗粒分析试验记录（筛析法）**

试验名称＿＿＿＿＿＿＿＿＿＿＿　　　　　试验者＿＿＿＿＿＿＿＿＿＿＿

试验组别＿＿＿＿＿＿＿＿＿＿＿　　　　　计算者＿＿＿＿＿＿＿＿＿＿＿

试验日期＿＿＿＿＿＿＿＿＿＿＿　　　　　校核者＿＿＿＿＿＿＿＿＿＿＿

风干土质量＝ g	小于 0.075mm 的土占总土质量百分数＝ %
2mm 筛上土质量＝ g	小于 2mm 的土占总土质量百分数 d_x＝ %
2mm 筛下土质量＝ g	细筛分析时所取试样质量＝ g

筛号	孔径/mm	累积留筛土质量/g	小于该孔径的土质量/g	小于该孔径的土质量百分数/%	小于该孔径的总土质量百分数/%
底盘总计					

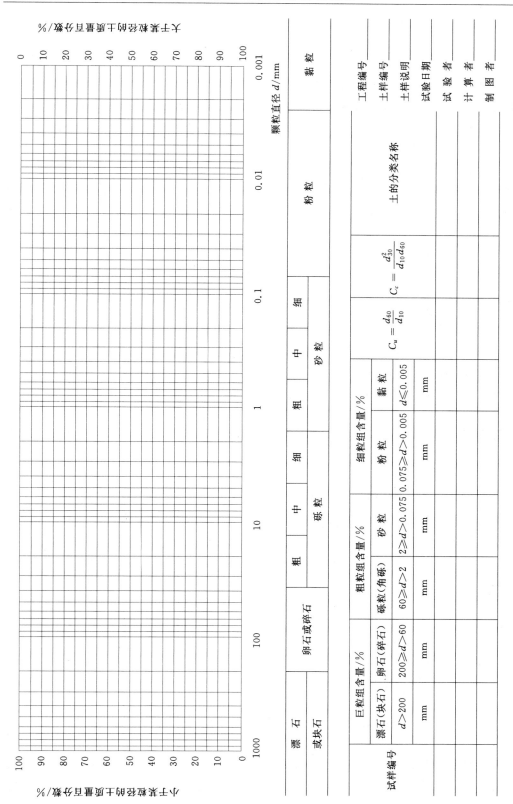

图 4.5 颗粒大小分布曲线

任务4.4　砂土的密实度

砂土属于无黏性土，它的物理状态主要由土的密实程度决定，而砂土的密实度对其工程性质影响很大。砂土的密实程度越大，强度越高、压缩性越好，其工程特性也越好，是良好的天然地基；砂土越松散则强度越低、压缩性越大、工程特性越差，甚至可能会在震动荷载作用下发生液化。

砂土的密实度在一定程度上可根据天然孔隙比 e 的大小来评定，但对于级配相差较大的不同类土，则天然孔隙比 e 无法有效判定其密实度的相对高低。如：若某一天然孔隙比确定，级配不良的砂土根据该孔隙比可评定为密实状态；而对于级配良好的土，则可能判为中密或稍密状态。因此，理论上可采用相对密度 D_r 来更合理地判定砂土的密实状态。其表达式为

$$D_r = \frac{e_{\max} - e}{e_{\max} - e_{\min}} \tag{4.4}$$

式中　$e_{\max}$——砂土在最松散状态时的孔隙比，即最大孔隙比；

　　　$e_{\min}$——砂土在最密实状态时的孔隙比，即最小孔隙比；

　　　e——砂土在天然状态时的孔隙比。

砂土的密实度划分标准见表4.5，当 $D_r = 0$ 时，表示砂土处于最松散状态；当 $D_r = 1$ 时，表示砂土处于最密实状态。

表 4.5　　　　　　　　　　按相对密度 D_r 划分砂土的密实度

密实度	密实	中密	松散
D_r	$0.67 < D_r \leqslant 1$	$0.33 \leqslant D_r \leqslant 0.67$	$0 < D_r < 0.33$

虽然，相对密度的理论较完善，但测定砂土的 $e_{\max}$ 和 $e_{\min}$ 的试验方法存在问题，同一种砂土的试验结果可能出现较大的离散型。因此，在实际工程中，普遍采用标准贯入试验、静力触探等原位测试方法来评价砂土的密实度，在现行《建筑地基基础设计规范》（GB 50007—2011）中按标准贯入锤击数 N 将砂土的密实度划分为密实、中密、稍密及松散（见表4.6）。

表 4.6　　　　　　　　按标准贯入锤击数 N 划分砂土的密实度

密实度	密实	中密	稍密	松散
N	$N_{63.5} > 30$	$15 < N_{63.5} \leqslant 30$	$10 < N_{63.5} \leqslant 15$	$N_{63.5} < 10$

注　当用静力触探探头阻力判定砂土的密实度时，可根据当地经验确定。

任务4.5　土的工程分类

对天然形成的土来说其成分、结构和性质千变万化，其工程性质也千差万别。为了能大致判别土的工程特性和评价土体作为地基或建筑材料的适宜性，有必要对土进行科学的

分类。分类体系的建立是将工程性质相近的土归为一类，以便对土作出合理的评价和选择恰当的方法对土的特性进行研究。为了能通用，这种分类体系应当是简明的，而且尽可能直接与土的工程性质相联系。

我国的分类方法至今尚未统一，不同的部门根据各自行业特点建立了各自的分类标准。一般对粗粒土主要按颗粒组成进行分类，黏性土则按塑性指数分类。

目前国内应用于对土进行分类的标准、规程（规范）主要有以下几种：

（1）《建筑地基基础设计规范》（GB 50007—2011）。

（2）《土的工程分类标准》（GB/T 50145—2007）。

（3）《公路土工试验规程》（JTG E40—2007）。

（4）《土工试验规程》（SL 237—1999）。

4.5.1 土的分类

4.5.1.1 《土工试验规程》（SL 237—1999）对土的分类

按《土工试验规程》（SL 237—1999）对土进行分类时，应先根据土中未完全分解的动植物残骸和无定形物质判定是有机土还是无机土。若属于无机土，则可根据土内各粒组的相对含量由粗到细把无机土分为巨粒土、粗粒土和细粒土。土的粒组应根据表4.1 土的粒组范围进行划分。

1. 巨粒土和含巨粒土的分类和定名

巨粒土和含巨粒土应按试样中所含粒径大于60mm 的巨粒组含量来划分。试样中巨粒组质量大于总质量50%的土称巨粒类土。试样中巨粒组质量为总质量15%～50%的土为巨粒混合土。试样中巨粒组质量小于总质量15%的土，可扣除巨粒，按粗粒土或细粒土的相应规定分类、定名（见表4.7）。

表4.7 巨粒土和含巨粒土的分类

土类	粒组含量		土代号	土名称
巨粒土	巨粒含量 100%～75%	漂石粒含量>50%	B	漂石
		漂石粒含量≤50%	C_b	卵石
混合巨粒土	巨粒含量小于75%，大于50%	漂石粒含量>50%	BSI	混合土漂石
		漂石粒含量≤50%	C_bSI	混合土卵石
巨粒混合土	巨粒含量50%～15%	漂石含量>卵石含量	SIB	漂石混合土
		巨石含量≤卵石含量	SIC_b	卵石混合土

2. 砂类土的分类和定名

砂类土应根据其中细粒含量及类别、粗粒组的级配，按表4.8分类和定名。

表4.8 砂 类 土 的 分 类

土 类	粒组含量		土代号	土名称
砂	细粒含量<5%	级配：$C_u \geq 5$，$C_c = 1 \sim 3$	SW	级配良好砂
		级配：不同时满足上述要求	SP	级配不良砂

续表

土　类	粒组含量		土代号	土名称
含细粒土砂	细粒含量 5%～15%		SF	含细粒土砂
细粒土质砂	15%＜细粒含量 ≤50%	细粒为黏土	SC	黏土质砂
		细粒为粉土	SM	粉土质砂

3. 粗粒土的分类和定名

试样中粒径大于 0.075mm 的粗粒组质量大于总质量 50% 的土称粗粒类土。粗粒组又可分为砾类土和砂类土。粗粒类土中粒径大于 2mm 的砾粒组质量大于总质量 50% 的土称砾类土；粒径大于 2mm 的砾粒组质量小于或等于总质量 50% 的土称砂类土。砾类土应根据其中细粒含量及类别、粗粒组的级配，按表 4.9 分类和定名。

表 4.9　　　　　　　　　　　砾 类 土 分 类

土　类	粒组含量		土代号	土名称
砾	细粒含量<5%	级配：$C_u \geqslant 5$，$C_c = 1 \sim 3$	GW	级配良好砾
		级配：不同时满足上述要求	GP	级配不良砾
含细粒土砾	细粒含量为 5%～15%		GF	含细粒土砾
细粒土质砾	15%＜细粒含量 ≤50%	细粒为黏土	GC	黏土质砾
		细粒为粉土	GM	粉土质砾

4. 细粒土的分类和定名

试样中细粒组质量大于或等于总质量 50% 的土称细粒类土。细粒类土应按下列规定划分如下：

(1) 试样中粗粒组质量小于总质量 25% 的土称细粒土。

(2) 试样中粗粒组质量为总质量 25%～50% 的土称含粗粒的细粒土。

(3) 试样中有机质含量在 5%～10% 的土称有机质土。

细粒土可进一步按塑性图划分，具体划分方法参见项目 2。

4.5.1.2　《建筑地基基础设计规范》(GB 50007—2011) 对土的分类

由于《建筑地基基础设计规范》(GB 50007—2011) 中对土的分类方法简单、明确，科学性和实用性强，多年来已被我国工程界所熟悉和广泛应用。该规范按土的粒径大小、粒组的土粒含量或土的塑性指数将建筑地基的岩土分为岩石、碎石土、砂土、粉土、黏性土、人工填土和特殊土等。

1. 岩石

岩石是颗粒间牢固联结成整体或具有节理裂隙的岩体。

(1) 岩石的坚硬程度根据岩块的饱和单轴抗压强度 f_{rk}，可分为坚硬岩、较硬岩、较软岩、软岩和极软岩（见表 4.10）。

表 4.10　　　　　　　　　　　岩石坚硬程度的划分

坚硬程度类别	坚硬岩	较硬岩	较软岩	软岩	极软岩
饱和单轴抗压强度标准值 f_{rk}/MPa	$f_{rk}>60$	$60 \geqslant f_{rk}>30$	$30 \geqslant f_{rk}>15$	$15 \geqslant f_{rk}>5$	$f_{rk} \leqslant 5$

（2）岩体按其完整程度可分为完整、较完整、较破碎、破碎和极破碎（见表4.11）。

表 4.11 岩 体 完 整 程 度 划 分

完整程度等级	完整	较完整	较破碎	破碎	极破碎
完整性指数	>0.75	0.75～0.55	0.55～0.35	0.35～0.15	<0.15

注：完整性指数为岩体纵波波速与岩块纵波波速之比的平方。选定岩体、岩块测定波速时应有代表性。

（3）岩石按其风化程度可分为未风化、微风化、中等风化、强风化和全风化。

2. 碎石土

碎石土为粒径大于2mm的颗粒含量超过全重的50%的土。碎石土可按其粒组含量分为漂石、块石、卵石、碎石、圆砾和角砾（见表4.12）。

表 4.12 碎 石 土 的 分 类

土的名称	颗粒形状	粒组含量
漂石	圆形及亚圆形为主	粒径大于200mm的颗粒含量超过全重的50%
块石	棱角形为主	
卵石	圆形及亚圆形为主	粒径大于20mm的颗粒含量超过全重的50%
碎石	棱角形为主	
圆砾	圆形及亚圆形为主	粒径大于2mm的颗粒含量超过全重的50%
角砾	棱角形为主	

注：分类时应根据粒组含量栏从上到下以最先符合者确定。

3. 砂土

砂土为粒径大于2mm的颗粒含量不超过全重50%、粒径大于0.075mm的颗粒超过全重50%的土。砂土可按其粒组含量分为砾砂、粗砂、中砂、细砂和粉砂（见表4.13）。

表 4.13 砂 土 的 分 类

土的名称	粒组含量
砾 砂	粒径大于2mm的颗粒含量占全重的25%～50%
粗 砂	粒径大于0.5mm的颗粒含量超过全重的50%
中 砂	粒径大于0.25mm的颗粒含量超过全重的50%
细 砂	粒径大于0.075mm的颗粒含量超过全重的85%
粉 砂	粒径大于0.075mm的颗粒含量超过全重的50%

注：分类时应根据粒组含量栏从上到下以最先符合者确定。

4. 粉土

粉土为塑性指数 $I_P \leqslant 10$ 且粒径大于0.075mm的颗粒含量不超过全重50%的土。其颗粒级配以0.005～0.075mm的粒组为主，其工程性质介于黏性土和砂土之间。

5. 黏性土

塑性指数 $I_P > 10$ 的土即为黏性土，可按其塑性指数又可分为黏土、粉质黏土（见表4.14）。

表 4.14　　　　　　　　　　　　　黏 性 土 的 分 类

土的名称	塑性指数 I_P	土的名称	塑性指数 I_P
黏土	$I_P > 17$	粉质黏土	$10 < I_P \leqslant 17$

注：塑性指数由相应于 76g 圆锥体沉入土样中深度为 10mm 时测定的液限计算而得。

6. 人工填土

人工填土指由人类活动堆填形成的各类堆积物，依据其物质组成及成因，可分为素填土、压实填土、杂填土及冲填土。素填土是由碎石、砂或粉土、黏性土等一种或几种材料组成的填土，其中不含杂质或含杂质很少，按主要组成物质分为碎石素填土、砂性素填土、粉性素填土及黏性填土。经过分层压实或夯实的素填土称为压实填土。杂填土则是含大量建筑垃圾、工业废料或生活垃圾等杂物的填土，按其组成物质成分和特征分为建筑垃圾土、工业废料土及生活垃圾土。冲填土是由水力冲填泥沙形成的填土。

人工填土一般物质成分杂乱、均匀性较差，故其工程性质不良，作为地基应注意其不均匀性。

7. 特殊土

特殊土是指在特定地理环境或人为条件下形成的具有特殊性质的土。它的分布一般具有明显的地域性。特殊土包括软土、红黏土、膨胀土、湿陷性土、冻土、人工填土等。

（1）软土。软土是淤泥和淤泥质土的总称，主要是由天然含水率大、压缩性高、承载能力低的淤泥沉积物及少量腐殖质所组成的土。其中，淤泥为在静水或缓慢的流水环境中沉积，并经生物化学作用形成，其天然含水率大于液限、天然孔隙比 $e \geqslant 1.5$ 的黏性土。天然含水率大于液限而天然孔隙比 $1.0 \leqslant e < 1.5$ 的黏性土或粉土为淤泥质土。淤泥含有大量未分解的腐殖质，有机质含量大于 60% 的土为泥炭，有机质含量大于等于 10% 且小于等于 60% 的土为泥炭质土。

（2）红黏土。红黏土为碳酸盐岩系的岩石经红土化作用形成的高塑性黏土。其液限一般大于 50%。红黏土经再搬运后仍保留其基本特征，其液限大于 45% 的土为次生红黏土。我国的红黏土广泛分布于云贵高原、四川东部、广西、粤北及鄂西、湘西等地区的低山、丘陵地带顶部和山间盆地、洼地、缓坡及坡脚地段。红黏土具有天然含水率高、孔隙比大，但强度高、压缩性低，工程性能良好的特点。

（3）膨胀土。膨胀土为土中黏粒成分主要由亲水性矿物组成，同时具有显著的吸水膨胀和失水收缩特性，其自由膨胀率大于或等于 40% 的黏性土。它一般强度较高，压缩性低，易被误认为工程性能较好的土，但由于具有膨胀和收缩特性会导致大批建筑物的开裂和损坏，往往是造成坡地建筑场地崩塌、滑坡、地裂等严重的不稳定因素。我国是世界上膨胀土分布广、面积大的国家之一，据现有资料，在广西、云南、湖北、河南、安徽、四川、河北、山东、陕西、浙江、江苏、贵州和广东等地均有不同范围的分布。

（4）湿陷性土。湿陷性土指在一定压力下土体浸水后结构迅速破坏、强度大大削弱、产生附加沉降、湿陷系数不小于 0.015 的土。湿陷性土包括湿陷性黄土、湿陷性碎石土、湿陷性砂土等。

（5）冻土。冻土是指当温度降至 0℃ 以下，含有冰的各种岩石和土壤。冻土按其冻结时间长短可分为短时冻土、季节性冻土以及多年冻土（又称永久冻土）。

小　结

本项目主要介绍了砂土的颗粒级配试验操作方法及试验成果处理。通过该试验需掌握砂颗粒组成的测定方法，并依据颗粒组成对砂土土样进行分类。将试验成果对照相关规范对土进行分类，确定试验土样的类别。并从试验成果的分析结论中，得出试验土样的工程性质，以便对试验土样在工程中的应用作出合理的评价。

复 习 思 考 题

1. 土的工程分类的目的是什么？
2. 土的级配的概念？土的颗粒大小分布曲线是怎样绘制的？
3. 土的颗粒大小分布曲线的特征可用哪两个系数来表示？它们的定义是什么？
4. 如何利用土的颗粒大小分布曲线来判别土的级配的好坏？
5. 简述砂土的相对密度的概念及其作用。
6. 某砂土样的天然密度 $\rho = 1.77 \text{g/cm}^3$，$\rho_{d\max} = 1.58 \text{g/cm}^3$，$\rho_{d\min} = 1.44 \text{g/cm}^3$，$G_s = 2.65$，$\omega = 9.8\%$，试求砂土的相对密度 D_r。
7. 有 A、B 两种土样，通过室内试验测得其粒径与小于该粒径的土粒质量见表 4.15、表 4.16，绘制出它们的颗粒大小分布曲线并求出 C_u 和 C_c 值。

表 4.15　　　　　　　　　A 土样试验资料（总质量 500g）

粒径 d/mm	5	2	1	0.5	0.25	0.1	0.075
小于该粒径的土粒质量/g	500	400	310	185	125	75	30

表 4.16　　　　　　　　　B 土样试验资料（总质量 30g）

粒径 d/mm	0.075	0.05	0.02	0.01	0.005	0.002	0.001
小于该粒径的土粒质量/g	30	28.8	26.7	23.1	15.9	5.7	2.1

项目 5 土的渗透性测试与评价

学习目标

1. 掌握达西定律及其适用条件、渗透系数的物理意义、渗透试验的方法和适用条件。
2. 掌握渗透力的概念和计算、渗透变形的基本形式、产生原因、发生部位。
3. 理解各种土体的渗透规律、影响渗透系数的因素。
4. 了解渗透变形的判别方法以及防治措施。

任务 5.1 概 述

5.1.1 渗透系数的定义

渗透是水在多孔介质中运动的现象。土体为典型的多孔介质，水能够在土的孔隙中流动的特性就叫土的渗透性。这一现象表达的定量指标是渗透系数 k，其值的大小反映土体渗透性的强弱，是常用的一个力学计算指标，可作为划分土透水强弱的标准和选择坝体或基础填筑土料的依据。若渗透水流在土中呈层流状态流动，则满足达西定律，即渗透速度 v 与水力梯度 i 成正比，表达式为

$$v = Ki \qquad (5.1)$$

$$v = Q/A \qquad (5.2)$$

$$i = h/L \qquad (5.3)$$

以上式中　K——渗透系数，cm/s；

v——渗流速度，cm/s；

i——水力梯度；

A——垂直于渗流方向土的横截面面积，cm^2；

Q——渗透流量，cm^3/s；

h——水位差，cm；

L——渗径长度，cm。

渗透性是土体重要的工程性质，决定于土体的强度、变形和固结性质，渗透问题与强度问题、变形问题合称为土力学的三大主要问题。渗透系数的定义是单位水力坡降的渗透流速，常以 cm/s 作为单位。《水力发电工程地质勘察规范》（GB 50287—2008）中规定了岩土渗透性分级（见表 5.1）。

表 5.1　　　　　　　　　　　　　　　　　岩土渗透性分级

渗透性等级	标　准		岩体特征	土类
	渗透系数 $K/(cm/s)$	透水率 q/Lu		
极微透水	$K<10^{-6}$	$q<0.1$	完整岩体，含等价开度小于 0.025mm 裂隙的岩体	黏土
微透水	$10^{-6}\leqslant K<10^{-5}$	$0.1\leqslant q<1$	含等价开度 0.025～0.05mm 裂隙的岩体	黏土、粉土
弱透水	$10^{-5}\leqslant K<10^{-4}$	$1\leqslant q<10$	含等价开度 0.05～0.1mm 裂隙的岩体	粉土、细粒土砂
中等透水	$10^{-4}\leqslant K<10^{-2}$	$10\leqslant q<100$	含等价开度 0.1～0.5mm 裂隙的岩体	砂、砂砾
强透水	$10^{-2}\leqslant K<10^{0}$	$q\geqslant 100$	含等价开度 0.5～2.5mm 裂隙的岩体	砂砾、砾石、卵石
极强透水	$K\geqslant 10^{0}$		含连通孔洞或等价开度大于 2.5mm 裂隙的岩体	粒径均匀的巨石

5.1.2　影响渗透系数的因素

影响土的渗透系数的因素很多，主要有土的级配、孔隙比、土中封闭气体含量和水的温度等。

1. 土的级配

对于粗颗粒的砾石土和砂土，土粒级配对渗透系数影响很大。颗粒越粗、越均匀、磨圆度越好，土的渗透系数越大。砂土中粉粒和黏粒含量增多时，渗透系数就会大大减小。黏性土的渗透系数主要取决于黏土矿物的成分。黏土矿物中以蒙脱土的亲水性最强、膨胀性最大，故含蒙脱土较多的土，其渗透系数较小。

2. 孔隙比

土的孔隙比大小，决定着渗透系数的大小，土的密实度增大（或孔隙比减小）其渗透系数随之减小。

3. 土中封闭气体含量

土中存在着大量封闭气体，阻塞渗流通道。所以，土中的封闭气体含量越大，土的渗系数就越小。

4. 水的温度

渗透系数与水温有关系，因为水在土中的渗透速度与水的运动黏滞系数成反比，渗透系数也就与运动黏滞系数成反比，而运动黏滞系数又决定于水温。所以同一种土在不同的温度下渗透系数值不同。《土工试验方法标准》（GB/T 50123—1999）规定以水温 20℃时的渗透系数作为标准，在任一温度 T℃下测定的渗透系数 K_T，应校正为标准温度下的渗透系数 K_{20}，即

$$K_{20}=K_T\frac{\eta_T}{\eta_{20}} \tag{5.4}$$

式中　　η_T、η_{20}——T℃和 20℃时水的动力黏滞系数（见表 5.2）。

表 5.2　　　　　　　水的动力黏滞系数、黏滞系数比、温度校正值

温度/℃	动力黏滞系数 η/（10^{-6}kPa·s）	黏滞系数比 η_T/η_{20}	温度修正值	温度/℃	动力黏滞系数 η/（10^{-6}kPa·s）	黏滞系数比 η_T/η_{20}	温度修正值
5.0	1.516	1.501	1.17	6.0	1.470	1.455	1.21
5.5	1.498	1.478	1.19	6.5	1.449	1.435	1.23

温度/℃	动力黏滞系数 η/(10^{-6}kPa·s)	黏滞系数比 η_T/η_{20}	温度修正值	温度/℃	动力黏滞系数 η/(10^{-6}kPa·s)	黏滞系数比 η_T/η_{20}	温度修正值
7.0	1.428	1.414	1.25	18.5	1.048	1.038	1.70
7.5	1.407	1.393	1.27	19.0	1.035	1.025	1.72
8.0	1.387	1.373	1.28	19.5	1.022	1.012	1.74
8.5	1.367	1.353	1.30	20.0	1.010	1.000	1.76
9.0	1.347	1.334	1.32	20.5	0.998	0.988	1.78
9.5	1.328	1.315	1.34	21.0	0.986	0.976	1.80
10.0	1.310	1.297	1.36	21.5	0.974	0.964	1.83
10.5	1.292	1.279	1.38	22.0	0.963	0.953	1.85
11.0	1.274	1.261	1.40	22.5	0.952	0.943	1.87
11.5	1.256	1.243	1.42	23.0	0.941	0.932	1.89
12.0	1.239	1.227	1.44	24.0	0.920	0.910	1.94
12.5	1.223	1.211	1.46	25.0	0.899	0.890	1.98
13.0	1.206	1.194	1.48	26.0	0.879	0.870	2.03
13.5	1.190	1.178	1.50	27.0	0.860	0.851	2.07
14.0	1.175	1.163	1.52	28.0	0.841	0.833	2.12
14.5	1.160	1.148	1.54	29.0	0.823	0.815	2.16
15.0	1.144	1.133	1.56	30.0	0.806	0.798	2.21
15.5	1.130	1.119	1.58	31.0	0.798	0.781	2.25
16.0	1.115	1.104	1.60	32.0	0.773	0.765	2.30
16.5	1.101	1.090	1.62	33.0	0.757	0.750	2.34
17.0	1.088	1.077	1.64	34.0	0.742	0.735	2.39
17.5	1.074	1.066	1.66	35.0	0.727	0.720	2.43
18.0	1.061	1.050	1.68				

5.1.3　渗透力定义及计算

1. 渗透力

水在土体中流动时将受到土体颗粒的阻力，同时水对土体颗粒也产生一种作用力，这种由于渗流而作用于土体颗粒上的力称为渗透力。如图 5.1 可知，渗透水流从 2-2 截面流过厚度为 L 的试样到达 1-1 截面引起的水头损失为 h，设试样的截面面积为 A，则土体颗粒对渗流的总阻力为 $F = \gamma_w h A$。

由于渗透速度很小，其惯性力可忽略不计，根据力的平衡条件，渗流作用于试样的总

渗透力 J 与土体颗粒对水流的总阻力 F 大小相等、方向相反，即

$$J = F = \gamma_w h A \tag{5.5}$$

设单位土体内的渗透力为 j，则

$$j = \frac{J}{AL} = \frac{\gamma_w h A}{AL} = \gamma_w i \tag{5.6}$$

2. 渗透力的特性

（1）渗透力是一种体积力，单位为 kN/m^3。

（2）渗透力大小与水力坡降成正比。

（3）其作用方向与渗流方向一致。

3. 渗透力对水利工程的作用

由于渗透力的作用方向与渗流方向一致，因此它对土体稳定的影响在不同的位置也是不一样的。如在闸、坝地基的上游，渗流方向自上而下，与土重力方向相同。渗透力对土体稳定有利，反之在下游出逸处，渗流方向

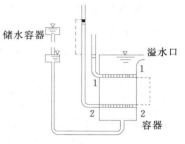

图 5.1 渗透变形试验原理

自下而上，与土重力方向相反，则渗透力对土体的稳定不利。当向上的渗透力大于土的浮容重时，土粒就被渗流带走，开始发生渗透变形，将破坏工程的稳定性。

5.1.4 渗透变形的基本形式

水工建筑物及地基由于渗流作用而出现的变形或破坏称为渗透变形或渗透破坏，土的渗透变形表现形式有多种，如：流土、管涌、接触流土和接触冲刷等。对单一土层来说，则主要是流土和管涌。接触冲刷和接触流土多出现在多层结构地基中。

1. 流土

流土是指在渗流作用下，出现局部土体隆起、顶穿或粗颗粒群同时浮动而流失的现象。前者多发生于表层由黏性土与其他细粒组成的土体或较均匀的粉细砂层中；后者多在不均匀的砂土层中。流砂多发生在颗粒级配均匀而细的粉、细砂中，有时在粉土中亦会发生，其表现形式是所有颗粒同时从一近似于管状通的道被渗透水流冲走，流砂发展的结果是使基础发生滑移或不均匀下沉、基坑坍塌、基础悬浮等。流土通常是由于工程活动而引起的，常发生在闸坝下游地基的渗流出逸处，而不发生于地基土壤内部。只要水力梯度达到一定的数值（大于临界水力梯度）任何类型的土都会发生，此时水流方向向上，流土破坏一般是突然发生的，发展速度很快，一经出现必须及时抢护，对工程危害很大。

2. 管涌

管涌是指在渗透水流作用下，土体中细颗粒在粗颗粒所形成的孔隙通道中发生移动并被带出，逐渐形成管型通道，从而掏空地基或坝体，使地基发生倾斜变形、失稳的现象。管涌通常是由于工程活动而引起的，发生部位既可以是在有地下水出漏的斜坡、岸边或有地下水溢出的地带，也可以在土体内部。管涌多发生在有一定级配的无黏性土中，且土中粗颗粒构成的孔隙直径必须大于细颗粒直径，颗粒多由比重较小的矿物构成，易随水流移动，发生时水流无定向，管涌破坏一般有一个时间发展过程，是一种渐进性质的破坏。管涌临界水力梯度的计算尚未成熟，对于重大工程，应尽量由试

验确定。自然界中（无工程活动的情况）在一定条件下同样会发生管涌破坏作用，为了与人类工程活动所引起的管涌相区别，通常称之为潜蚀。潜蚀作用有机械潜蚀和化学潜蚀两种。机械潜蚀是指渗流的机械力将细土粒冲走而形成洞穴；化学潜蚀是指水流溶解了土中的易溶盐或胶结物使土变松散，细土粒被水冲走而形成洞穴。这两种作用往往是同时存在的。

3. 接触流土

接触流土是指渗流在垂直于渗透系数相差较大的两相邻土层的接触面流动时，将渗透系数较小的土层中的细颗粒带入渗透系数较大的另一土层的现象。

4. 接触管涌

接触管涌是指渗流沿着两种不同土层的接触面流动时，沿层面带走细颗粒的现象。

5.1.5　渗透变形的判别方法

土体是否会发生渗透变形，主要取决于水力坡降的大小。在渗流作用下，土粒处于被冲走的悬浮状态（称为临界状态）时的水力坡降称为临界水力坡降，用 i_{cr} 表示。

5.1.5.1　流土的临界水力坡降

由前述可知，渗透力的方向与渗流方向一致。在渗流出逸处，渗透力的方向为竖直向上，与土的重力方向相反，当单位渗透力 j 等于土的浮容重时，土的浮容重为

$$\gamma' = \frac{(G_s - 1)\gamma_w}{1 + e} = \gamma_{sat} - \gamma_w \qquad (5.7)$$

又由于渗透力 $j = \gamma_w i$，所以当 $j = \gamma'$ 时，土体处于发生流土的临界状态，其临界水力坡降为

$$i_{cr} = \frac{G_s - 1}{1 + e} = (G_s - 1)(1 - n) \qquad (5.8)$$

$$i_{cr} = \frac{\gamma_{sat} - \gamma_w}{\gamma_w} \qquad (5.9)$$

由上二式可知，发生流土的临界水力坡降取决于土的物理性质。当土粒比重 G_s 和孔隙比 e 或孔隙率 n 为已知时，则土的临界水力坡降是一定值，一般在 $0.8 \sim 1.2$ 之间。

在设计时，为保证建筑物的安全，需对 i_{cr} 除以安全系数作为允许水力坡降 $[i]$，应将实际水力坡降 i 限制在 $[i]$ 之内，即

$$i \leqslant [i] = \frac{i_{cr}}{F_s} \qquad (5.10)$$

式中　F_s——安全系数。

5.1.5.2　管涌的临界水力坡降

管涌的发生除与不均匀系数有关外，还与土中细颗粒含量及渗透系数等因素有关。目前确定管涌的临界水力坡降，尚无适合的公式可循，估算方法还不够完善，通常用试验方法测定。试验装置如图 5.2（a）所示，试验时抬高储水容器，使水头增大，当储水容器提升到一定高度时，根据观察试样中细小土粒移动的现象来判断发生管涌的临界水力坡降。还可借助于水力坡降 i 与渗透速度 v 的关系曲线来判断。图 5.2 中（b）为试验过程

中绘出的 $i-v$ 曲线,当水力坡降 i 增至某一数值后(曲线中 c 点),水力坡降稍有增加,渗透流速就急剧增大,说明试样中已发生管涌。因此,可认为 c 点对应的水力坡降为发生管涌的临界水力坡降。

5.1.6　渗透变形的防治措施

土的渗透变形是堤坝、基坑和边坡失稳的主要原因之一,设计时应予以足够的重视。防止渗透变形的措施包括:采用不透水材料或完全阻断土中的渗流路径,增加渗透路径,减少水力坡降;也可在渗流出逸处布置减压、压重或反滤层防止流土和管涌的发生。所以基本措施是"上堵下疏"。

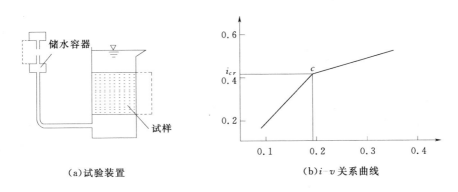

（a)试验装置　　　　　（b) $i-v$ 关系曲线

图 5.2　确定管涌的临界水力坡降

5.1.6.1　水工建筑物渗流防治措施

1. 垂直防渗

垂直防渗可用黏土、混凝土、塑性混凝土、自凝灰浆和土工膜等材料。它既可以作为坝体和坝身的防渗体,也可作为透水地基的防渗体。最常用的是混凝土和塑性混凝土连续防渗墙。小浪底土石坝的地基防渗和三峡二期围堰的堰体和地基防渗都使用塑性混凝土垂直防渗墙,达到了理想的防渗效果。

2. 水平铺盖

水平铺盖防渗层一般使用黏土铺筑,要求土料的渗透系数 $K_T < 10^{-5}$ cm/s,铺盖厚度 0.5～1.0m,允许垂直水力坡降为 4～6。也可用土工膜做防渗铺盖。

3. 下游压重

下游铺设压重,压重采用透水堆石。

4. 排水减压井

对于双层地基(上层相对不透水,下层透水),为防止堤坝背水坡脚处上层土下部受较大的向上水力坡降而发生流土,可用透水材料做成减压井,通过反滤层使下层中的水安全排出,降低土的水力坡降。

5. 下游排水体

为避免堤坝的背水坡渗流出逸处发生渗透变形,可采用棱柱式排水、褥垫式排水或贴坡式排水,可使出逸点降低,避免沿坡渗流引起的冲刷。

5.1.6.2　基坑开挖渗流防治措施

1．工程降水

可采用明沟排水和井点降水的方法人工降低地下水位。

2．设置板桩

沿坑壁打入板桩，它既可以加固坑壁，同时也增加了地下水的渗流路径，减小了水力坡降。

3．水下挖掘

在基坑或沉井中用机械在水下挖掘，避免因排水而造成流砂的水头差。为了增加砂的稳定性，也可向基坑中注水，并同时进行挖掘。

基坑开挖防渗措施还有冻结法、化学加固法、爆炸法等。

任务5.2　常水头渗透试验

5.2.1　试验目的和适用范围

（1）本试验方法适用于砂类土和含少量砾石的无黏聚性土。

（2）试验用水应采用实际作用于土的天然水，如有困难，允许用蒸馏水或一般经过滤的清水，但试验前必须用抽气法或煮沸法脱气，试验时水温应高于试验室温度3～4℃。

5.2.2　试验原理

根据土的渗透规律——达西定律，层流状态时水在土中的渗透速度 v 与水力坡降 i 成正比，即

$$Q = KiAt = K\frac{h}{L}At$$

$$K = \frac{QL}{Aht} \tag{5.11}$$

5.2.3　试验仪器设备

（1）常水头渗透仪（70型渗透仪、见图5.3），由封底金属圆筒（筒高40cm，内径10cm。当使用其他尺寸的圆筒时，圆筒内径应大于试样最大粒径的10倍）、金属孔板（距筒底6cm）、三个测压孔（测压孔中心间距10cm，与筒边连接处有铜丝网，玻璃测压管内径为0.6cm，用橡皮管与测压孔相连）组成。

（2）其他：木锤、秒表、天平等。

5.2.4　试验步骤

（1）按图5.3将仪器装好，接通调节管和供水管，使水流到仪器底部，水位略高于金属孔板，关闭止水夹。

（2）取具有代表性的风干土样3～4kg，称量，准确至1.0g，并测其风干含水率。

（3）将风干土样分层装入圆筒内，每层2～3cm，根据要求的孔隙比，控制试样厚度。当试样中含黏粒时，应在滤网上铺2cm厚的粗砂作为过滤层，防止细粒流失。

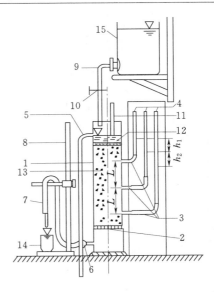

图 5.3　常水头渗透装置

1—金属圆筒；2—金属孔板；3—测压孔；4—测压管；5—溢水孔；6—渗水孔；
7—调节管；8—滑动架；9—供水管；10—止水夹；11—温度计；
12—砾石层；13—试样；14—量杯；15—供水瓶

（4）每层装完后慢慢开启止水夹，水由筒底向上渗入，使试样逐渐饱和。水面不得高出试样顶面。当水与试样顶面齐平时，关闭止水夹。饱和时水流不可太急，以免冲动试样。

（5）如此分层装入试样、饱和，至高出测压管 3～4cm 为止，量出试样顶面至筒顶高度，计算试样高度，称剩余土质量，准确至 0.1g，计算装入试样总质量。在试样上面铺 1～2cm 砾石作为缓冲层，放水，至水面高出砾石层 2cm 左右时，关闭止水夹。

（6）将供水管和调节管分开，将供水管置入圆筒内，开启止水夹，使水由圆筒上部注入，至水面与溢水孔齐平为止。

（7）静置数分钟，检查各测压管水位是否与溢水孔齐平，如不齐平，说明仪器有集气或漏气，需挤测压管上的橡皮管，或用吸球在测压管上部将集气吸出，调至水位齐平为止。

（8）降低调节管的管口位置，水即渗过试样，经调节管流出。此时调节止水夹，使进入筒内的水量多于渗出水量，溢水孔始终有余水流出，以保持筒中水面不变。

（9）测压管水位稳定后，测记水位，计算水位差。

（10）开动秒表，同时用量筒接取一定时间的渗透水量，并重复一次，接水时，调节管出水口不浸入水中。

（11）测记进水和出水处水温，取其平均值。

（12）降低调节管管口至试样中部及下部 1/3 高度处，改变水力坡降 h/L，重复步骤（8）～（11）进行测定。

5.2.5　试验记录

常水头渗透试验记录见表 5.3。

表 5.3

工程名称 _____　　试样高度 _____

土样编号 _____　　试样面积 _____

仪器编号 _____　　测压孔间距 _____

试样说明 _____

常水头渗透试验记录表

干土质量 _____　　试验者 _____

土粒比重 _____　　计算者 _____

孔隙比 _____　　　校核者 _____

　　　　　　　　　　　　试验日期 _____

试验次数	经过时间 t/s	测压管水位			水位差			水力坡降 J	渗透水量 Q/cm^3	渗透系数 $K_T/(\text{cm/s})$	平均水温 $T/℃$	校正系数 $\dfrac{\eta_T}{\eta_{20}}$	水温20℃时渗透系数 $K_{20}/(\text{cm/s})$	平均渗透系数 $\overline{K}_{20}/(\text{cm/s})$
		1管/cm	2管/cm	3管/cm	h_1	h_2	平均 h							
(1)	(2)	(3)	(4)	(5)	(6)	(7)	(8)	(9)	(10)	(11)	(12)	(13)	(14)	(15)
					(3)−(4)	(4)−(5)	$\dfrac{(6)+(7)}{2}$	$\dfrac{(8)}{(10)}$		$\dfrac{(10)}{A\times(9)\times(2)}$			(11)×(13)	$\dfrac{\sum(14)}{n}$

5.2.6　试验成果整理

5.2.6.1　计算公式

（1）计算试样的干密度和孔隙比。

$$\rho_d = \frac{m_s}{Ah} \tag{5.12}$$

$$e = \frac{G_s}{\rho_d} - 1 \tag{5.13}$$

$$m_s = \frac{m}{1+\omega} \tag{5.14}$$

以上式中　m_s——试样干质量，g；

$\qquad m$——风干试样总质量，g；

$\qquad \omega$——风干含水率，%；

$\qquad A$——试样的横断面面积，cm^2；

$\qquad h$——试样高度，cm；

$\qquad \rho_d$——试样干密度，g/cm^2，计算至 $0.01g/cm^2$；

$\qquad e$——试样孔隙比，计算至 0.01；

$\qquad G_s$——土粒比重。

（2）计算渗透系数。

$$Q = KiAt = k\frac{h}{L}At$$

$$K_T = \frac{QL}{Aht} \tag{5.15}$$

式中　K_T——水温 T ℃时试样渗透系数，cm/s，计算至 3 位有效数字；

$\qquad Q$——时间 t 内渗透水量，cm^3；

$\qquad L$——两测压孔中心之间的试样高度（等于测压孔中心间距），$L=10cm$；

$\qquad A$——试样的横断面面积，cm^2；

$\qquad h$——平均水位差，$h = \dfrac{h_1 + h_2}{2}$，cm；

$\qquad t$——时间，s。

（3）按式（5.4）计算标准温度下的渗透系数 K_{20}。

5.2.6.2　绘图

根据需要可在半对数坐标纸上绘制以孔隙比为纵坐标、渗透系数为横坐标的 $e-K$ 关系曲线。

5.2.6.3　精密度和允许差

一个试样多次测定时，应在所测结果中取 3～4 个允许差值符合规定的测值，求平均值，作为该试样在某孔隙比 e 时的渗透系数。允许差值不大于 2×10^{-n}。

5.2.7　试验报告

（1）土的渗透系数值 K_{20}（cm/s）。

（2）土的鉴别分类和代号。

任务 5.3　变 水 头 渗 透 试 验

5.3.1　试验目的和适用范围

（1）本试验方法适用于测定细粒土的渗透系数。

（2）试验应采用蒸馏水，试验前必须用抽气法或煮沸法脱气，试验时水温应高于试验室温度 3～4℃。

5.3.2　试验原理

黏性土的透水性与砂土不同，它不服从达西定律，渗透系数 K 与水力坡降 i 成曲线关系，即 $v = K(i - i_0)$ 或 $Q = KA(i - i_0)t$。对同一黏性土而言，i_0 不是定值，它随 i 的增大而增大。

由于黏性土的渗透系数很小，所以黏性土的渗透试验采用断面面积很小的玻璃管做供水水源（兼做测压管），用较大的过水断面（试样断面）、较短的过水距离（试样厚度）和较大的水头，这样通过黏性土的微量水就可以根据测压管中水位下降距离测出来，以此便可计算出渗透系数 K。

5.3.3　试验仪器设备

本试验采用变水头负压式装置（见图 5.4），即南 55 型渗透仪。

（1）渗透容器：由环刀、透水石、套环、上盖和下盖组成。环刀内径 61.8mm、高 40mm，透水石的渗透系数应大于 10^{-3} cm/s。

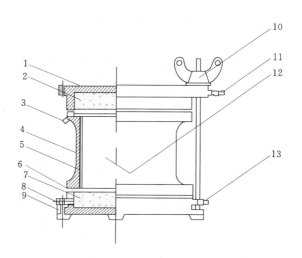

图 5.4　南 55 型渗透仪

1—上盖；2—透水石；3—橡皮圈；4—环刀；5—盛土筒；6—橡皮圈；7—透水石；8—排气孔；

9—下盖；10—固定螺杆；11—出水孔；12—试样；13—进水孔

（2）变水头装置：由温度计（分度值 0.2℃）、渗透容器、变水头管、供水瓶、进水管等组成（见图 5.5），变水头管的内径应均匀，管径不大于 1cm，管外径应有最小分度为 1.0mm 的刻度，长度宜为 2m 左右（见图 5.5）。

（3）其他：切土器、温度计、削土刀、秒表、钢丝锯、凡士林。

5.3.4　试样制备

变水头渗透试验的试样分原状试样和扰动试样两种。

5.3.4.1　原状试样

根据要测定的渗透系数方向，用环刀在垂直或平行土层面方向切取原状试样，试样两端削平即可，禁止用修土刀反复涂抹。放入饱和器内抽气饱和（或用其他方法饱和）。

5.3.4.2　扰动试样

当干密度较大（$\rho_d \geqslant 1.40\mathrm{g/cm^3}$）时，用饱和度较低（$S_r \leqslant 80\%$）土压实或击实办法制样；当干密度较低时，使试样泡于水中饱和后，制成需要干密度的饱和试样。并应测定试样的含水率和密度。

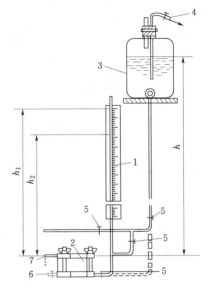

图 5.5　变水头渗透试验装置示意图
1—变水头管；2—渗透容器；3—供水瓶；
4—接水源管；5—进水管夹；
6—排气管；7—出水管

5.3.5　试验步骤

（1）将装有试样的环刀装入渗透容器，用螺母旋紧，要求密封至不漏水、不漏气。对不易透水的试样，按规定进行抽气饱和；对饱和试样和较易透水的试样，直接用变水头装置的水头进行试样饱和。

（2）将渗透容器的进水口与变水头管连接，利用供水瓶中的纯水向进水管注满水，并渗入渗透容器，开排气阀，排除渗透容器底部的空气，直至溢出水中无气泡，关排水阀，放平渗透容器，关进水管夹。

（3）向进水管注纯水。使水升至预定高度，水头高度根据试样结构的疏松程度确定，一般不应大于 2m，待水位稳定后切断水源，开进水管夹，使水通过试样。当出水口有水溢出时开始测记变水头管中起始水头高度和起始时间，按预定时间间隔测记水头和时间的变化，并测记出水口的水温，准确至 0.2℃。

（4）将变水头管中的水位变换高度，待水位稳定后再测记水头和时间，重复试验 5～6 次。当不同开始水头下测定的渗透系数在允许差值范围内时，结束试验。

5.3.6　试验记录

变水头渗透试验记录见表 5.4。

5.3.7　成果整理

5.3.7.1　计算公式

（1）按式（5.12）、式（5.13）计算试样的干密度和孔隙比。

表 5.4

变 水 头 渗 透 试 验

工程名称＿＿＿＿＿　　土样说明＿＿＿＿＿　　　　　　　　　　　　　　试验者＿＿＿＿＿

土样编号＿＿＿＿＿　　测压管断面面积＿＿＿＿　　孔隙比＿＿＿＿＿　　　计算者＿＿＿＿＿

仪器编号＿＿＿＿＿　　试样高度＿＿＿＿　　　　　校核者＿＿＿＿＿　　　试验日期＿＿＿＿＿

起始时刻 t_1/终止时刻 t_2/（日 时:分）	历时 t/s	起始水头 h_1/cm	终止水头 h_2/cm	$2.3\dfrac{aL}{At}$/(cm/s)	$\lg\dfrac{h_1}{h_2}$	平均水温 T/℃	水温 T℃时渗透系数 K_T/(cm/s)	校正系数 $\dfrac{\eta_T}{\eta_{20}}$	水温 20℃时渗透系数 K_{20}/(cm/s)	平均渗透系数 $\overline{K}_{20}$/(cm/s)
(1)	(2)	(3)	(4)	(5)	(6)	(7)	(8)	(9)	(10)	(11)	(12)
	(2)−(1)								(9)×(10)	$\dfrac{\sum(12)}{n}$

（2）按式（5.16）计算渗透系数。

$$K_T = 2.3 \frac{aL}{A(t_2 - t_1)} \lg \frac{h_1}{h_2} \qquad (5.16)$$

式中　a——变水头管的内径面积，cm^2；

　　　L——渗径，即两测压孔中心之间的试样高度，cm；

　　　h_1——起始水头，cm；

　　　h_2——终止水头，cm；

　　　A——试样断面面积，cm^2；

　　　t_1——测读水头的起始时间，s；

　　　t_2——测读水头的终止时间，s。

（3）按式（5.4）计算标准温度下的渗透系数 K_{20}。

5.3.7.2　绘图

根据需要可在半对数坐标纸上绘制以孔隙比为纵坐标、渗透系数为横坐标的 $e-k$ 关系曲线。

5.3.7.3　精密度和允许差

一个试样多次测定时，应在所测结果中取 3～4 个允许差值符合规定的测值，求平均值，作为该试样在某孔隙比 e 时的渗透系数。允许差值不大于 2×10^{-n}。

5.3.8　试验报告

（1）土的鉴别分类和代号。

（2）土的渗透系数值 K_{20}（cm/s）。

小　　结

通过渗透试验，测定渗透系数，通过土的渗透系数评价土的渗透性大小，进一步用于计算水工建筑物渗流量等。掌握常水头试验和变水头试验的原理和试验方法。

复 习 思 考 题

1. 名词解释：

（1）渗透系数；（2）渗透力；（3）管涌；（4）流土

2. 常水头渗透试验的目的和适用范围是什么？

3. 影响土的渗透系数的因素有哪些？它们是如何影响的？

4. 变水头渗透试验中如何实现变水头？

5. 何谓渗透力？其大小、方向、单位如何？

6. 渗透变形的基本形式有分哪几种？它们分别有什么特征？

7. 工程上常用的防渗处理措施有哪些？

8. 变水头渗透试验的目的和适用范围是什么？

9. 计算题（见表 5.5、表 5.6）。

表 5.5

常 水 头 试 验 记 录 表

工程名称＿＿＿＿　　试样高度＿＿＿＿　　　　　　　　试验者＿＿＿＿
土样编号＿＿＿＿　　试样面积＿＿＿＿　　　　　　　　计算者＿＿＿＿
仪器编号＿＿＿＿　　测压孔间距＿＿＿＿　　　　　　　校核者＿＿＿＿
试样说明＿＿＿＿　　　　　　　　　　　　　　　　　　试验日期＿＿＿＿

试验次数	经过时间 t/s	测压管水位 1管/cm	测压管水位 2管/cm	测压管水位 3管/cm	水位差 h_1	水位差 h_2	水位差 平均 $/h$	水力坡降 J	渗透水量 Q/cm^3	渗透系数 $K_T/(cm/s)$	平均水温 $T/℃$	校正系数 η_T/η_{20}	水温20℃时渗透系数 $K_{20}/(cm/s)$	平均渗透系数 $\overline{K}_{20}/(cm/s)$
(1)	(2)	(3)	(4)	(5)	(6) $(3)-(4)$	(7) $(4)-(5)$	(8) $\dfrac{(6)+(7)}{2}$	(9) $\dfrac{(8)}{(10)}$	(10)	(11) $\dfrac{(10)}{A\times(9)\times(2)}$	(12)	(13)	(14) $(11)\times(13)$	(15) $\dfrac{\sum(14)}{n}$
1	518	45.0	43.0	41.0					110		13.5	1.176		
2	520	45.0	43.0	41.0					111		13.5	1.176		
3	200	43.8	39.4	35.0					92		13.5	1.176		
4	200	43.6	39.2	34.8					93		13.5	1.176		
5	125	44.3	36.5	28.7					105		13.5	1.176		
6	125	44.3	36.5	28.7					105		13.5	1.176		

表 5.6

工程名称＿＿＿＿＿ 土样说明＿＿＿＿＿ 土样面积＿＿＿＿＿ 试验者＿＿＿＿＿
土样编号＿＿＿＿＿ 测压管断面面积＿＿＿＿＿ 孔隙比＿＿＿＿＿ 计算者＿＿＿＿＿
仪器编号＿＿＿＿＿ 试样高度＿＿＿＿＿ 校核者＿＿＿＿＿ 试验日期＿＿＿＿＿

变 水 头 试 验 记 录 表

起始时刻 t_1/(日时:分)	终止时刻 t_2/(日时:分)	历时 t/s	起始水头 h_1/cm	终止水头 h_2/cm	$2.3\dfrac{aL}{At}$/(cm/s)	$\lg\dfrac{h_1}{h_2}$	平均水温 T/℃	水温 T℃时渗透系数 K_T/(cm/s)	校正系数 $\dfrac{\eta_T}{\eta_{20}}$	水温 20℃时渗透系数 K_{20}/(cm/s)	平均渗透系数 $\overline{K}_{20}$/(cm/s)
(1)	(2)	(3)	(4)	(5)	(6)	(7)	(8)	(9)	(10)	(11)	(12)
		(2)－(1)								(9)×(10)	$\dfrac{\sum(12)}{n}$
4 8:30	4 8:31		160	125			9		1.334		
4 8:31	4 8:32		160	125			9		1.334		
4 8:32	4 8:33		160	126			9		1.334		
4 8:33	4 8:34		160	126			9		1.334		
4 8:34	4 8:35		160	126			9		1.334		
4 8:35	4 8:36		160	127			9		1.334		
4 8:36	4 8:37		160	127			9		1.334		

项目6   土的压缩性测试与评价

学习目标

1. 掌握土的压缩试验原理及压缩性指标，并对土的压缩性加以判别。
2. 了解土压缩的基本原理，影响土的压缩性的主要因素。
3. 了解土的弹性变形和塑性（残余）变形的概念。

任务6.1   概   述

6.1.1   土的压缩性的概念

在外力作用下，土体积缩小的特性称为土的压缩性。

土的压缩通常由三部分组成：①固体土颗粒被压缩；②土中水及封闭气体被压缩；③水和气体从孔隙中被挤出。试验研究表明，在一般压力（100～600kPa）作用下，固体颗粒和水的压缩性与土体的总压缩量之比非常小，完全可以忽略不计，因此土的压缩性可只看作是土中水和气体从孔隙中被挤出，与此同时，土颗粒相应发生移动，重新排列，靠拢挤紧，从而土孔隙体积减小，所以土的压缩是指土中孔隙体积的缩小。

土压缩变形的快慢与土的渗透性有关。在荷载作用下，透水性大的饱和无黏性土，其压缩过程短，建筑物施工完毕时，可认为其压缩变形已基本完成；而透水性小的饱和黏性土，其压缩过程所需时间长，十几年甚至几十年压缩变形才稳定。土体在外力作用下，压缩随时间增长的过程，称为土的固结。对于饱和黏性土来说，土的固结问题非常重要。

6.1.2   土压缩的基本原理

饱和土的压缩主要是由于土在外荷作用下孔隙水被挤出，以致孔隙体积减小所引起的。饱和土孔隙中自由水的挤出速度，主要取决于土的渗透性和土的厚度。

饱和土的渗透固结过程就是孔隙水压力向有效力应力转化的过程，在任一时刻，有效应力 σ' 和孔隙水压力 u 之和始终等于饱和土体的总应力 σ，公式表达为

$$\sigma = \sigma' + u \tag{6.1}$$

式中 σ ——总应力；

$\quad\quad u$ ——孔隙水压力；

$\quad\quad \sigma'$ ——有效应力，是指由土骨架所传递的压力，即颗粒间接触应力。

有如下基本假定：

（1）土层是均质的、完全饱和的。

（2）土的压缩完全由孔隙体积减小引起，土体和水不可压缩。

（3）土的压缩和排水仅在竖直方向发生。

（4）土中水的渗流服从达西定律。

（5）在渗透固结过程中，土的渗透系数 K 和压缩系数 a_v 视为常数。

（6）外荷一次性施加。

在以上假设条件下，可根据水流连续性原理、达西定律和有效应力原理，建立固结微分方程，解出土体沉降与时间的关系。

任务 6.2 压 缩 指 标

6.2.1 侧限压缩试验

侧限压缩试验是研究土体压缩性最基本的方法，采用试验装置如图 6.1 和图 6.2 所示。试验时将装有土样的环刀置于刚性护环中，则土样在竖直压力作用下，由于环刀和刚性护环的限制，只产生竖向压缩，不产生侧向变形。

图 6.1 杠杆式压缩仪

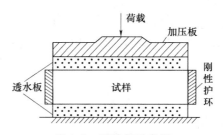

图 6.2 固结仪示意图

压缩后变形量为 S_i，整个过程中土粒体积和底面积不变，设土样的截面积为 A，初始高度为 H_0，并令 $V_s = 1$，则在加压前有

$$V_v = e_0$$

$$V = 1 + e_0$$

$$\frac{V_v}{V} = \frac{1}{1 + e_0}$$

$$V_s = \frac{V}{1 + e_0} = \frac{AH}{1 + e_0}$$

在压力 p_i 作用下，土样的稳定变形量为土样的高度 $H_i = H_0 - S_i$，此时土样的孔隙比为 e_i，则

$$V_s = \frac{AH_i}{1 + e_i} = \frac{A(H_0 - S_i)}{1 + e_i}$$

由于加压前后土样的截面积不变，即

$$e_i = e_0 - (1 + e_0)\frac{S_i}{H_0} \tag{6.2}$$

式中　e_0——土的初始孔隙比，$e_0 = \dfrac{G_s \rho_w (1 + \omega_0)}{\rho_0}$。

根据压力 p 分别为 50kPa、100kPa、200kPa、300kPa、400kPa 作用下达到稳定所计

算出的孔隙比 e，绘制 $e - p$ 曲线，即为压缩曲线，如图 6.3（a）所示。

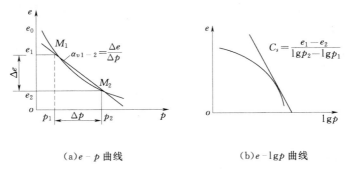

(a)$e - p$ 曲线 (b)$e - \lg p$ 曲线

图 6.3 压缩曲线

6.2.2 压缩指标

压缩性不同的土，曲线形状不同，压缩性也不同。曲线越陡，说明在相同压力增量作用下土的孔隙比减少得越显著，土的压缩性越高。

6.2.2.1 压缩系数（α_v）

土体在侧限压缩条件下，土试样的孔隙比减少量与竖向压应力增量的比值称为压缩系数，即

$$\alpha_v = \frac{e_1 - e_2}{p_2 - p_1} \ (\text{MPa}^{-1}) \tag{6.3}$$

在压缩曲线中，实际采用割线斜率表示土的压缩性。工程上一般采用 $p_1 = 100\text{kPa}$、$p_2 = 200\text{kPa}$ 对应的压缩系数 α_{1-2} 评价土的压缩性。

当 $\alpha_{1-2} < 0.1\text{MPa}^{-1}$ 时，为低压缩性土；

当 $0.1\text{MPa}^{-1} \leqslant \alpha_{1-2} < 0.5\text{MPa}^{-1}$ 时，为中压缩性土；

当 $\alpha_{1-2} \geqslant 0.5\text{MPa}^{-1}$ 时，为高压缩性土。

6.2.2.2 压缩指数（C_c）

由图 6.3（b）可以看出，$e - \lg p$ 曲线开始呈曲线，以后有很长一段为直线，则直线的斜率称为压缩指数，即

$$C_c = \frac{e_1 - e_2}{\lg p_1 - \lg p_2} \tag{6.4}$$

压缩指数是评价土的压缩性大小的指标之一，压缩指数越大，土的压缩性就越高。

当 $C_c < 0.2$ 时，为低压缩性土；

当 $C_c > 0.4$ 时，为高压缩性土；

当 $0.2 < C_c < 0.4$ 时，为中等压缩性土。

6.2.2.3 压缩模量（E_s）

压缩模量是指土在侧限条件下受压，竖向压应力增量与竖向应变增量的比值，称为压缩模量，即

$$E_s = \frac{\Delta p}{\Delta \varepsilon} \ (\text{MPa}) \tag{6.5}$$

土的压缩模量 E_s 与土的压缩系数 α_v 成反比，E_s 越大，α_v 越小，土的压缩性越低。

6.2.3 土的弹性变形与残余变形

在做土的压缩试验时，当试样在某一级荷载作用下达到压缩稳定后，又进行逐级卸荷，则土会发生回弹，根据由各级荷载量表的回弹稳定读数计算出相应的孔隙比，便可绘制卸荷载后的关系曲线，如图 6.4 所示中的 bc 段所示，称为回弹曲线。

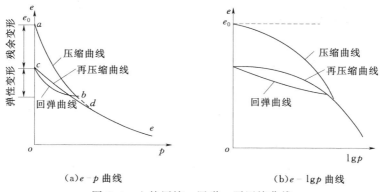

(a)e—p 曲线　　　　　　　　　(b)e—lgp 曲线

图 6.4　土的压缩、回弹、再压缩曲线

可以看出，试样的压缩曲线和回弹曲线不重合，表示土体不能完全恢复其压缩变形。卸荷后可以恢复的那部分变形，称为弹性变形，不能恢复的那一部分变形，称为残余变形。

这是因为土是弹塑性体，不是完全弹性体。在卸荷后再重新逐级加荷，又可得出再压缩曲线。再压缩曲线较原来的压缩曲线平缓，这可以说明如果土体过去曾受过大于现在所受的压力，当再受压时，其压缩量将会变小，因而地基的变形也较小。可以利用该原理对地基土体进行预压加固，以提高土体的密实度，降低压缩性。

任务6.3　土 的 压 缩 试 验

6.3.1　目的和要求

测定土体的压缩变形与荷载的关系。

6.3.2　实验装置

（1）DGY–ZH1.0 型杠杆式压缩仪，杠杆比为 1∶12。

1）压缩容器：环刀，截面积为 30cm²，直径为 61.8mm，高 20mm。

2）百分表：量程 10mm，最小分度值 0.01mm。

3）砝码：0.125kg，0.313kg，0.625kg，1.25kg，2.5kg，5kg，10kg。

4）台架主体：杠杆装置，加压框架。

（2）其他设备：秒表，削土刀，浅盘，铝盒，天平等。

6.3.3　实验步骤

6.3.3.1　试验前准备工作

1.试样制备

取代表土样风干、碾碎、过 2mm 筛，然后称料 0.5kg，加水拌和并焖料 24h。

2. 击样

用击样法将拌制好的土样制成试样。

3. 取样

用环刀在试样上进行取样，刀口向下，边削边压，使土体充满环刀并削去多余土样。

4. 计算初始密度 e_0

测量剩余土样的初始含水率 ω_0。

5. 调整仪器

调整仪器平衡锤，使杠杆保持平衡。

6.3.3.2 操作步骤

（1）在压缩容器内依次放入护环、透水石（乙）、定位环、滤纸、透水石（甲）、传压活塞。

（2）拉上加压框架，调节横梁上接触螺钉，使之与传压活塞接触（不要压紧），装上百分表，并使测杆压缩 5mm，预加 1.0kPa，使压缩仪各部分紧密接触，将百分表调零。

（3）去掉预压荷载，立即加第一级荷载，加砝码时，立即启动秒表。

（4）加荷等级一般为 5 级，依次加载。每级荷载加上后，每隔 30min 记录百分表读数一次（读红色读数，精确至 0.01mm）。若两次读数变化小于 0.01mm 时，可认为沉降稳定，允许加次级荷载。按此步骤逐级加压，直至试验结束。由于学时所限，加压等级一般为 50kPa、100kPa、200kPa、400kPa。

（5）试验结束后，迅速卸下砝码，小心拆除仪器并擦净，需要时，测定压缩后土样的含水率和密度。

6.3.3.3 试验结果整理及分析

（1）初始孔隙比 e_0 的计算：

$$e_0 = \frac{G_s \rho_w (1 + \omega_0)}{\rho_0}$$

（2）各级荷载下试样变形稳定后的孔隙比 e_i 的计算：

$$e_i = e_0 - (1 + e_0) \frac{S_i}{H_0}$$

（3）绘制 $e-p$ 关系曲线，见图 6.5。

（4）某一级荷载范围内的压缩系数 α_v 的计算：

$$\alpha_v = \frac{e_1 - e_2}{p_2 - p_1} \ (\mathrm{MPa}^{-1})$$

式中　α_v——100～200kPa 的压缩系数；

　　　e_1——压缩曲线上 100kPa 所对应的孔隙比；

　　　e_2——压缩曲线上 200kPa 所对应的孔隙比。

（5）计算土的压缩模量 E_s。

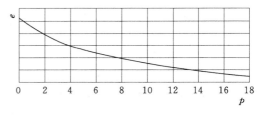

图 6.5　$e-p$ 关系曲线

6.3.3.4　记录

试验记录见表6.1。

表 6.1　　　　　　　　　　　　　　快速固结试验记录表

工程名称＿＿＿＿＿＿＿＿＿　　试样高度＿＿＿＿＿＿＿＿＿　　试验者＿＿＿＿＿＿＿＿＿

土样编号＿＿＿＿＿＿＿＿＿　　试样面积＿＿＿＿＿＿＿＿＿　　计算者＿＿＿＿＿＿＿＿＿

试验日期＿＿＿＿＿＿＿＿＿　　初始孔隙比＿＿＿＿＿＿＿＿　　校核者＿＿＿＿＿＿＿＿＿

加压历时 /h	压力 /kPa	仪器总变形 /mm	试样总变形量 /mm	单位变形量	孔隙比
$\alpha_{1-2}=$		$E_s=$	因此该土为		（高、中、低）压缩性土

小　　结

（1）在外力作用下，土体积缩小的特性称为土的压缩性。

（2）土的压缩通常由三部分组成：①固体土颗粒被压缩；②土中水及封闭气体被压缩；③水和气体从孔隙中被挤出。饱和土的压缩主要是由于土在外荷作用下孔隙水被挤出，以致孔隙体积减小所引起的。

（3）试样的压缩曲线和回弹曲线不重合，表明土体不能完全恢复其压缩变形。卸荷后可以恢复的那部分变形，称为弹性变形，不能恢复的那一部分变形，称为残余变形。这是因为土是弹塑性体，不是完全弹性体。

（4）压缩指标

压缩系数
$$\alpha_v = \frac{e_1 - e_2}{p_2 - p_1}\,(\mathrm{MPa}^{-1})$$

压缩指数
$$C_c = \frac{e_1 - e_2}{\lg p_2 - \lg p_1}$$

压缩模量
$$E_s = \frac{\Delta p}{\Delta \varepsilon}\,(\mathrm{MPa})$$

复 习 思 考 题

1. 名词解释：

压缩性；固结；压缩曲线；压缩系数；有效应力。

2. 土体压缩变形的原因是什么？

3. 土的压缩曲线如何得到？有何作用？

4. 土的压缩系数和压缩模量有何联系与区别？工程中如何判别土的压缩性。

项目7 土的抗剪强度指标测试与评价

学习目标

1. 理解土的抗剪强度的定义。
2. 掌握库仑定律。
3. 掌握土的直接剪切试验。
4. 了解土的三轴剪切试验。

任务7.1 概   述

土的抗剪强度是指土体对于外荷载所产生的剪应力的极限抵抗能力，数值上等于剪切破坏时滑动面上的剪应力。在外荷载作用下，土体中任一截面将产生法向应力和剪应力，其中法向应力使土体发生压密，剪应力使土体产生剪切变形。当土中一点在截面上由外力所产生的剪应力达到土的抗剪强度时，它将沿着剪应力作用方向产生滑动，则认为该点发生剪切破坏。不断增加外荷载，由局部剪切破坏会发展成连续的剪切破坏，形成滑动面，从而引起滑坡或地基失稳等破坏现象。抗剪强度是土的一个重要力学性质，估算地基承载力、评价土体稳定性（如计算土坝、路堤、码头、岸坡等斜坡稳定性），以及挡土建筑物土压力计算，都需要土的抗剪强度指标。

任务7.2 库 仑 定 律

7.2.1 库仑定律

1776年法国工程师库仑（C. A. Culomb）总结土的破坏现象和影响因素（见图7.1），提出如下表达式：

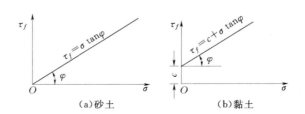

(a)砂土　　　　　　　　(b)黏土

图 7.1 土的抗剪强度与法向应力之间的关系

砂土 $$\tau_f = \sigma \tan\varphi \tag{7.1}$$

黏性土 $$\tau_f = c + \sigma\tan\varphi \qquad\qquad (7.2)$$

上二式中　τ_f——土的抗剪强度，kPa；

　　　　　σ——作用在剪切滑动面上的法向应力，kPa；

　　　　　c——土的黏聚力，kPa；

　　　　　φ——土的内摩擦角，(°)。

式（7.1）和式（7.2）就是土体抗剪强度的库仑定律，并可表示成如图 7.1 所示的抗剪强度线，强度线在纵坐标轴上的截距 c 为黏聚力，倾角 φ 为内摩擦角。c 和 φ 为土的抗剪强度指标。

土中的应力有总应力和有效应力之分，由太沙基（K. Terzaghi）有效应力原理可知，真正引起土体剪切破坏的是有效应力，所以工程实践中常常应用有效应力表达的库仑抗剪强度定律，其表达式为

砂土 $$\tau'_f = \sigma'\tan\varphi' \qquad\qquad (7.3)$$

黏性土 $$\tau'_f = \sigma'\tan\varphi' + c' \qquad\qquad (7.4)$$

上二式中　τ'_f——有效抗剪强度，kPa；

　　　　　σ'——作用在剪切面上的法向有效应力，kPa；

　　　　　φ'——土的有效内摩擦角，(°)；

　　　　　c'——土的有效黏聚力，kPa。

φ' 和 c' 为土的有效抗剪强度指标。

由土的抗剪强度表达式可以看出，土的抗剪强度不是一个定值，而是剪切面上的法向总应力 σ 的线性函数；对于无黏性土，其抗剪强度仅仅由粒间的摩擦力（$\sigma\tan\varphi$）构成；对于黏性土，其抗剪强度由摩擦力（$\sigma\tan\varphi$）和黏聚力（c）两部分构成。

土的内摩擦力 $\sigma\tan\varphi$，通常由两部分组成。一部分是剪切面上颗粒与颗粒接触面所产生的摩擦力；另一部分则是由颗粒之间的相互嵌入和联锁作用产生的咬合力。黏聚力 c 是由于黏土颗粒之间的胶结作用，由结合水膜以及分子引力作用等构成的。

7.2.2　影响抗剪强度的因素

影响土的抗剪强度的因素是多方面的，主要的有下述几个方面。

1. 土粒的矿物成分、形状、颗粒大小与颗粒级配

土的颗粒越粗，形状越不规则，表面越粗糙，φ 越大，内摩擦力越大，抗剪强度也越高。黏土矿物成分不同，其黏聚力也不同。土中含有多种胶合物，可使 c 增大。

2. 土的密度

土的初始密度越大，土粒间接触越紧，土粒表面摩擦力和咬合力也越大，剪切试验时需要克服这些土的剪力也越大。黏性土的紧密程度越大，黏聚力 c 值也越大。

3. 含水率

土中含水率的多少，对土抗剪强度的影响十分明显。土中含水率大时，会降低土粒表面上的摩擦力，使土的内摩擦角 φ 值减小；黏性土含水率增高时，会使结合水膜加厚，因而也就降低了黏聚力。

4. 土体结构

黏性土的天然结构如果被破坏，其抗剪强度就会明显下降，因为原状土的抗剪强度高

于同密度和含水率的重塑土。所以，施工时要注意保持黏性土的天然结构不被破坏，特别是开挖基槽，更应保持持力层的原状结构，使其不受扰动。

任务7.3　土的直接剪切试验

世界各国测定土的抗剪强度指标、方法和相应的仪器较多，常用的有三轴剪切试验、直接剪切试验、无侧限抗压强度试验和十字板剪切试验等。应根据各类建筑工程的规模、用途与地基土的情况，选择相应的仪器与方法进行试验。本项目主要学习掌握直接剪切试验。

我国目前普遍采用的是应变控制式直剪仪，图7.2为应变控制式直剪仪结构示意图。

7.3.1　原理与方法

应变控制式直剪仪主要由固定的上盒和活动的下盒组成，试样放在盒内上下两块透水石之间。试验时先对试样施加某一法向应力 σ，然后等速推动下盒，使试样在沿上下盒之间的水平面上受剪直至破坏，剪应力 τ 的大小可借助与上盒接触的量力环测定。试验时对同一种土通常采用 4 个试样，分别在不同的法向应力下剪切破坏，可将试验结果绘制成如图7.1所示的抗剪强度 τ_f 与法向应力 σ 关系曲线。

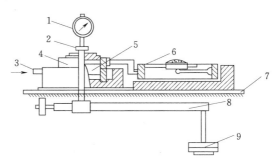

图 7.2　应变控制式直剪仪结构示意图
1—垂直变形百分表；2—垂直加压框架；3—推动座；
4—剪切盒；5—试样；6—测力计；7—台板；
8—杠杆；9—砝码

7.3.2　直剪试验优缺点

直剪试验具有设备简单、土样制备及试验操作方便等优点，因而至今仍为国内一般工程所广泛使用。但也存在不少缺点，主要有：①剪切面限定在上下盒之间的平面，而不是沿土样最薄弱的面剪切破坏；②剪切面上剪应力分布不均匀，且竖向荷载会发生偏转，主应力的大小及方向都是变化的；③在剪切过程中，土样剪切面逐渐缩小，而在计算抗剪强度时仍按土样的原截面积计算；④试验时不能严格控制排水条件，并且不能量测孔隙水压力；⑤试验时上下盒之间的缝隙中易嵌入砂粒，使试验结果偏大。

大量的试验和工程实践都表明，土的抗剪强度与土受力后的排水固结状况有关，故测定强度指标的试验方法应与现场的施工加荷条件一致。为了在直剪试验中能尽量考虑实际工程中存在的不同固结排水条件，通常采用不同加荷速率的试验方法来近似模拟土体在受剪时的不同排水条件，由此产生了三种不同的直剪试验方法：快剪（Q）、固结快剪（CQ）和慢剪（S）。

7.3.3　剪切试验试验方法

7.3.3.1　快剪试验（Q）

快剪试验是在对试样施加竖向压力后，立即以 0.8mm/min 的剪切速率快速施加水平剪应力使试样剪切破坏。一般从加荷到土样剪坏只用 3～5min。由于剪切速率较快，可认为对于渗透系数小于 10～6cm/s 的黏性土在剪切过程中试样没有排水固结，近似模拟了"不排水剪切"过程，强度指标用 c_q、φ_q 表示，主要用于分析地基排水条件不好、施工速度快的建筑物地基。

7.3.3.2　固结快剪试验（CQ）

固结快剪是在对试样施加竖向压力后，让试样充分排水固结，待沉降稳定后，再 0.8mm/min 的剪切速率快速施加水平剪应力使试样剪切破坏。强度指标用 c_{cq}、φ_{cq} 表示，可用于验算水库水位骤降时土坝边坡稳定安全系数或使用期建筑物地基的稳定问题。

7.3.3.3　慢剪试验（S）

慢剪试样是在对试样施加竖向压力后，让试样充分排水固结，待沉降稳定后，以小于 0.02mm/min 的剪切速率施加水平剪应力，直至试样剪切破坏，强度指标用 c_s、φ_s 表示，通常用于分析透水性较好、施工速度较慢的建筑物地基的稳定分析。

由上述试验方法可知，即使在同一垂直压力下，由于试验时的排水条件不同，故作用在受剪面积上的有效应力也不同，所以测得的抗剪强度也不同。

在一般情况下 $\varphi_s > \varphi_{cq} > \varphi_q$。

7.3.4　土的剪切试验

7.3.4.1　试验目的和适用范围

直接剪切试验是测定土的抗剪强度的一种常用方法。通常采用 4 个试样，分别在不同的垂直压力 p 下施加水平剪切力进行剪切，求得破坏时的剪应力 τ。然后根据库仑定律确定土的抗剪强度参数：内摩擦角 φ 和黏聚力 c。

本试验适用于测定细粒土的抗剪强度参数 c、φ 及土颗粒粒径小于 2mm 的砂土的抗剪强度参数。渗透系数 K 大于 10^{-6}cm/s 的土不宜做快剪试验。

7.3.4.2　仪器设备

（1）应变控制式直剪仪（见图 7.2）：主要部件包括剪切盒（水槽、上剪切盒、下剪切盒）、垂直加压框架、测力计及推动座等。

（2）位移计（百分表）：量程 5～10mm，分度值 0.01mm。

（3）天平：称量 500g，分度值 0.1g。

（4）环刀：内径 6.18cm，高 2cm。

（5）其他：饱和器、削土刀（或钢丝锯）、秒表、滤纸、直尺等。

7.3.4.3　操作步骤

1. 试样制备

（1）黏性土试样制备：从原状土样中切取原状土试样或制备给定干密度及含水率的扰动土样，测定试样的密度及含水率。在环刀内壁涂一薄层凡士林，刀口向下放在土样上，用钢丝锯将土样切成略大于环刀直径的土样，环刀垂直下压，边压边削至土样伸出环刀为止。切去两端余土，用直刀修平两端土面，擦净环刀外壁，盖上玻璃片。取环刀两侧少量余土测含水率。称环刀加土总质量，计算土的密度。重复上述步骤，制备 4 个或 4 个以上试样。要求各试样的密度差不大于 0.03g/cm³。含水率不大于 2%。如试样需要饱和时，可进行抽水饱和及测定饱和密度。

（2）砂类土试样制备：

1）取过 2mm 筛孔的代表性风干砂土样 1200g 备用；按要求的干密度称取每个试样所需的风干砂量，精确至 0.1g。

2）对准上下盒，插入固定销，将洁净的透水板放入剪切盒内。

3）将准备好的砂样倒入剪刀盒内；拂平表面，放上一块硬木板，用手轻轻敲打，使试样达到规定的干密度，然后取出硬木板。

（3）每组试验应取 4 个试样，在 4 种不同垂直压力 p 下进行剪切试验。一个垂直压力相当于现场预期的最大压力 p，一个垂直压力要大于 p，其他垂直压力均小于 p。但垂直压力的各级差值要大致相等。教学试验中可取垂直压力分别为 100kPa、200kPa、300kPa、400kPa。各个压力可依次轻轻施加，若土质松软，也可分级施加，以防试样被挤出。

2. 操作步骤

（1）快剪试验（Q）：

1）对准上下盒，插入固定销。在下盒内放不透水板。将装有试样的环刀平口向下，对准剪切盒口，在试样顶面放不透水板，然后将试样徐徐推入剪切盒内，移去环刀。对砂类土按上述方法制备和安装试样。

2）转动手轮，使上盒前端钢珠刚好与测力计接触。调整测力计读数为零。顺次加上加压盖板、钢珠、加压框架，安装垂直位移计，测记起始读数。

3）施加垂直压力。

4）拔去固定锁。开动秒表，以 0.8～1.2mm/min 的速率剪切（以 4～6r/min 的均匀速度旋转手轮），使试样 3～5min 内剪损。如测力计的读数达到稳定，或有显著后退，表示试样已剪损。但一般宜剪至剪切变形达 4mm。若测力计读数继续增加，则剪切变形应达到 6mm 为止。手轮每转一转，同时测记测力计读数，并根据需要测记垂直位移计读数，直至剪损为止。

5）剪切结束后，吸去剪切盒中积水，倒转手轮，尽快移去垂直压力、框架、钢珠、加压盖板等。取出试样，测定剪切面附近土的含水率。

（2）固结快剪试验（CQ）：

1）试样安装和定位按快剪试验步骤 1）和 2）操作。但试样上下两面的不透水板改放湿滤纸和透水板。

2）如系饱和试样，则在施加垂直压力 5min 后，往剪切盒水槽内注满水，如系非饱和土，仅在活塞周围包以湿棉花，防止水分蒸发。

3）在试样上施加规定的垂直压力后，测记垂直变形读数。如每小时垂直变形读数变化不超过 0.005mm，认为已达到固结稳定。

4）试样达到固结稳定后，按快剪试验步骤 4）和 5）规定进行剪切。剪切后取试样测定剪切面附近试样的含水率。

（3）慢剪试验（S）：

1）试样安装和定位按快剪试验步骤 1）和 2），按固结快剪试验步骤 3）进行试样固结。待试样固结稳定后进行剪切，剪切速率应小于 0.02mm/min。也可按下式估算剪切破坏时间：

$$t_f = 50t_{50} \tag{7.5}$$

式中　t_f——达到破坏所经历的时间；

　　　t_{50}——固结度达到 50% 的时间。

2）剪损标准同快剪试验步骤 4）规定选取。

3）按快剪试验步骤 5）规定进行拆卸试样及测定含水率。

由于课时所限，教学试验一般采用快剪试验。

7.3.4.4　计算公式和制图

1. 计算公式

计算时测力计率定系数单位不同，计算剪应力所采用的公式也不同。

（1）当测力计率定系数单位采用 N/0.01mm 时按式（7.6）计算试样的剪应力：

$$\tau = \frac{CR}{A_0} \times 10 \tag{7.6}$$

式中　τ——剪应力，kPa；

　　　C——测力计率定系数，N/0.01mm；

　　　R——测力计读数，0.01mm；

　　　A_0——试样面积，cm^2；

　　　10——单位换算系数。

按式（7.7）计算试样的剪切位移：

$$\Delta l = n \times 20 - R \tag{7.7}$$

式中　n——手轮转速；

　　　Δl——剪切位移，mm。

试验记录见表 7.1（一）、（二）。

（2）当测力计率定系数单位采用 kPa/0.01mm 时按式（7.8）计算试样的剪应力：

$$\tau = CR \tag{7.8}$$

式中　C——测力计率定系数，kPa/0.01mm。

剪切位移计算公式采用式（7.7）。

试验记录见表 7.1（一）、（三）。

2. 绘图

（1）以剪应力为纵坐标、剪切位移为横坐标，绘制剪应力 τ 与剪切位移 Δl 关系曲线（见图 7.3）。

（2）选取剪应力 τ 与剪切位移 Δl 关系曲线上的峰值点或稳定值作为抗剪强度 τ_f，如图 7.3 中曲线上的箭头所示。如无明显峰值点，则取剪切位移 Δl 等于 4mm 对应的剪应力

作为抗剪强度 τ_f，图 7.3 中 p_1、p_2、p_3、p_4 为相应的垂直压力。

（3）以抗剪强度 τ_f 为纵坐标、垂直压力为横坐标，绘制抗剪强度与垂直压力的关系曲线，根据图上各点，绘一直线（见图 7.4）。直线上的倾角为土的内摩擦角 φ，直线在纵坐标上的截距为土的黏聚力。

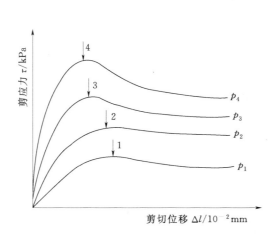

图 7.3　剪应力与剪切位移关系曲线

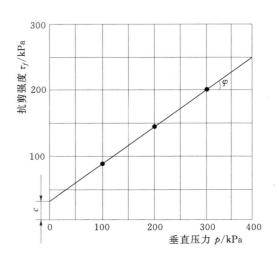

图 7.4　抗剪强度与垂直应力的关系曲线

7.3.4.5　试验记录

试验记录根据试验内容、试样要求、试验方法选择所需填写的记录表见表 7.1（一）、（二）、（三）。

表 7.1（一）　　　　　　　　　　　**直接剪切试验记录**

土样编号＿＿＿＿＿＿＿　　　仪器编号＿＿＿＿＿＿＿　　　试验者＿＿＿＿＿＿＿

土样说明＿＿＿＿＿＿＿　　　测力计率定系数＿＿＿＿＿　　　校核者＿＿＿＿＿＿＿

试验方法＿＿＿＿＿＿＿　　　手轮转速＿＿＿＿＿＿＿　　　试验日期＿＿＿＿＿＿＿

垂直压力 $p/$ kPa	试样破坏时的测力计读数 $R/$ 0.01mm	极限剪应力 τ_f（抗剪强度）/ kPa
100		
200		
300		
400		

表 7.1（二）　　　　　　　　**直接剪切试验记录**

工程名称＿＿＿＿＿＿＿＿　　　　　　　　计算者＿＿＿＿＿＿＿＿

土样编号＿＿＿＿＿＿＿＿　　　　　　　　校核者＿＿＿＿＿＿＿＿

试验日期＿＿＿＿＿＿＿＿　　　　　　　　试验者＿＿＿＿＿＿＿＿

试样编号：	剪切前固结时间：	min
仪器编号：	剪切前压缩量：	mm
垂直压力： kPa	剪切历时：	min
测力计率定系数：$c=$ N/0.01mm	抗剪强度：	kPa

手轮转数 n/转 (1)	测力计读数/0.01mm (2)	剪切位移/0.01mm (3)＝(1)×20－(2)	剪应力/kPa (4)＝$\dfrac{(2)\times C}{A_0}\times 10$	垂直位移 /0.01mm
1				
2				
3				
4				
5				
6				
7				
8				
9				
10				
11				
12				
13				
14				
15				
16				
17				
18				
19				
20				
21				
22				
⋮				
32				

表 7.1（三）　　　　　　　　**直接剪切试验记录**

工程名称＿＿＿＿＿＿＿＿＿　　　　　　　　试验者＿＿＿＿＿＿＿＿＿

试样编号＿＿＿＿＿＿＿＿＿　　　　　　　　计算者＿＿＿＿＿＿＿＿＿

试验日期＿＿＿＿＿＿＿＿＿　　　　　　　　校核者＿＿＿＿＿＿＿＿＿

垂直压力 $p=$　　　　　　　kPa　　　　　　　　量力环号

测力计率定系数 $C=$　　　kPa/0.01mm　　　　手轮转数 $n=$

剪切历时　　　　　　　　　　　　　　　　　　抗剪强度 $\tau_f=$　　　　　kPa

手轮转数 n/转	测力计读数 R/0.01mm	剪切位移 Δl/0.01mm	剪应力 τ/kPa	手轮转数 n/转	测力计读数 R/0.01mm	剪切位移 Δl/0.01mm	剪应力 τ/kPa
1				27			
2				28			
3				29			
4				30			
5				31			
6				32			
7				33			
8				34			
9				35			
10				36			
11							
12							
13							
14							
15							
16							
17							
18							
19							
20							
21							
22							
23							
24							
25							
26							

任务 7.4　土的三轴剪切试验

三轴剪切试验是测定土体抗剪强度指标的一种比较完善的室内试验方法，可以严格控制排水条件，可以测量土体内的孔隙水压力，另外，试样中的应力状态也比较明确，试样破坏时的破裂面是在最薄弱处，而不像直剪试验那样限定在上下盒之间，同时三轴剪切试验还可以模拟建筑物和建筑物地基的特点以及根据设计施工的不同要求确定试验方法，因此对于特殊建筑物（构筑物）、高层建筑、重型厂房、深层地基、海洋工程、道路桥梁和交通航务等工程有特别重要的意义。

7.4.1　试验原理

三轴剪切试验是测定土的抗剪强度的一种方法，它通常用 3～4 个圆柱试样，分别在不同的恒定周围压力（即小主应力 σ_1）下，施加轴向压力［即产生主应力差（$\sigma_1 - \sigma_3$）］进行剪切直至破坏；然后根据莫尔-库仑理论，求得抗剪强度参数。

7.4.2　试验方法

三轴剪切试验适用于测定黏性土和砂性土的总抗剪强度参数和有效抗剪强度参数，可分为不固结不排水剪试验（UU）、固结不排水剪试验（CU）和固结排水剪试验（CD）。

（1）不固结不排水剪试验（UU）是在施加周围压力和增加轴向压力直至破坏过程中均不允许排水。本试验可以测得总抗剪强度参数。

（2）固结不排水剪试验（CU）是试样先在某一周围压力下排水固结，然后在保持不排水的情况下，增加轴向压力直至破坏。本试验可以测得总抗剪强度参数、有效抗剪强度参数和孔隙压力系数。

（3）固结排水剪试验（CD）是试样先在某一周围压力作用下排水固结，然后在允许试样充分排水的情况下增加轴向压力直到破坏。本试验可以测得有效抗剪强度参数和变形参数。

三轴剪切试验的三种试验方法在工程实践中如何选用应根据工程情况、加荷速度快慢、土层厚薄、排水情况、荷载大小等综合确定。一般来说，对不易透水的饱和黏性土，当土层较厚、排水条件较差、施工速度较快时，为使施工期土体稳定可采用不固结不排水剪。反之，对土层较薄、透水性较大、排水条件好、施工速度不快的短期稳定问题可采用固结不排水剪。击实填土地基或路基以及挡土墙及船闸等结构物的地基，一般认为采用固结不排水剪。此外，如确定施工速度相当慢、土层透水性及排水条件都很好，可考虑用排水剪。当然，这些只是一般性的原则，实际情况往往要复杂得多，能严格满足试验条件的很少，因此还要针对具体问题作具体分析。

7.4.3　仪器设备

应变控制式三轴仪：如图 7.5 所示，由反压力控制系统、周围压力控制系统、压力室、孔隙水压力量测系统、试验机等组成。

7.4.4　三轴剪切试验的优缺点

7.4.4.1　三轴剪切试验的优点

（1）试验中能严格控制试样的排水条件，可控制试样中孔隙水压力的变化。

（2）试验过程中不硬性规定剪切面，受力条件比较符合实际情况。

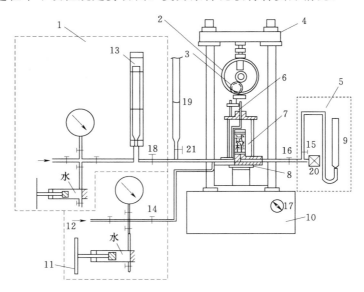

图 7.5　三轴仪组成示意图

1—反压力控制系统；2—轴向测力计；3—轴向位移计；4—试验机横梁；5—孔隙压力测量系统；6—活塞；
7—压力室；8—升降台；9—量水管；10—试验机；11—周围压力控制系统；12—压力源；
13—体变管；14—周围压力阀；15—量管阀；16—孔隙压力阀；17—手轮；
18—体变管阀；19—排水管；20—孔隙压力传感器；21—排水管阀

（3）试样中应力情况简单明确，试验成果能较好地反映实际情况。

7.4.4.2　三轴剪切试验的缺点

（1）仪器的构造比较复杂。

（2）试样制备、试样操作比较麻烦，而且费用较高。

7.4.4.3　适用条件

三轴剪切试验适用于大型工程、重点工程和科学研究。

小　　结

土的强度破坏通常是指剪切破坏，土的强度往往指抗剪强度。土的抗剪强度指土体抵抗剪切破坏的极限能力。土的抗剪强度可以采用库仑公式表达，无黏性土的抗剪强度仅仅由粒间的摩擦力（$\sigma\tan\varphi$）构成；黏性土的抗剪强度由摩擦力（$\sigma\tan\varphi$）和黏聚力（c）两部分构成。c 和 φ 称为土的抗剪强度指标。室内测定土的抗剪强度指标，最常用和最简便的方法直接剪切试验。土的抗剪强度与土受力后的排水固结状况有关，所以在直剪试验中尽量考虑实际工程中存在的不同固结排水条件，选择合适的直剪试验方法。

复 习 思 考 题

1. 何谓土的抗剪强度？黏性土和砂土的抗剪强度各有什么特点？

2. 影响抗剪强度的因素有哪些？

3. 直接剪切试验的方法有哪三种？

4. 某高层建筑地基取原状土进行直剪试验，4 个试样的垂直压力 p 分别为 100kPa、200kPa、300kPa、400kPa，测得试样破坏时相应的抗剪强度为 τ_f 分别为 67kPa、119kPa、162kPa、216kPa。试用作图法求此土的抗剪强度指标。

项目8 土样和试样制备

学习目标

1. 掌握试样制备的方法。
2. 了解制备土样的过程。
3. 了解土样和试样的概念。

任务8.1 概 述

8.1.1 土样和试样制备的目的和适用范围

代表现场土层特性的样品叫土样；用于做试验用的土样，经过处理后适用于试验用的样品叫试样。

试验用的土样，在试验前必须经过制备，对于扰动土需要经过风干、碾散、过筛、匀土、分样和储存等预备程序。对密封的原状土样除小心搬运和妥善存放外，在试验前不得开启包装皮，以免水分流失，使含水率发生变化。

本项目适用于扰动土样和原状土样的制备。

8.1.2 仪器设备

试样制备需要以下设备：

（1）细筛：孔径5mm，2mm，0.5mm。

（2）洗筛：孔径0.1mm或0.075mm。

（3）台秤：称量10～40kg，分度值5g。

（4）天平：称量1000g，分度值0.1g；称量200g，分度值0.01g。

（5）碎土器：磨土机。

（6）击实器：包括活塞、导筒和环刀。

（7）抽气机（附真空表）。

（8）饱和器（附金属或玻璃的真空缸）。

（9）其他：烘箱、干燥器、保湿器、研钵、木锤、木碾、橡皮板、玻璃瓶、玻璃缸、修土刀、钢丝锯、凡士林、土样标签以及其他盛土容器等。

任务8.2 试 样 制 备

8.2.1 扰动土样制备程序

8.2.1.1 细粒土样制备程序

（1）将扰动土样进行土样描述。如颜色、土类、气味及杂物等；如有需要，将扰动土成分拌匀，取代表性土样测定含水率。

（2）将块状扰动土放在橡皮板上用木碾或碎土器碾散（勿压碎颗粒）；如水量较大时，可先风干至易碾散为止。

（3）根据试验所需试样数量，将碾散后的土样过筛。物理性试验如液限、塑限、缩限等试验土样，过 0.5mm 筛，力学性质试验土样过 2mm 筛；击实试验土样，过 5mm 筛。过筛后的土样用四分对角取样法或分砂器，取出足够数量的代表性土样，分别装入玻璃缸内，贴上标签，以备各项试验之用。对风干土，需测定风干含水率。

（4）为配制一定含水率的土样，取过 2mm 筛的足够试验用的风干土 1～5kg，平铺在不吸水的盘内，按式（8.1）计算所需的加水量，用喷雾器喷洒预计的加水量，静置一段时间，然后装入玻璃缸内盖紧，润湿一昼夜备用（砂性土润湿时间可酌情减短）。

$$m_w = \frac{m}{1 + 0.01\omega_0} \times 0.01(\omega' - \omega_0) \tag{8.1}$$

式中　　m_w——土样所需加水质量，g；

　　　　ω_0——风干含水率，%；

　　　　m——风干含水率时的土样质量，g；

　　　　ω'——土样所要求的含水率，%。

（5）测定湿润土样不同位置的含水率（至少 2 个以上），要求含水率的差值不大于 $\pm 1\%$。

（6）对不同土层的土样制备混合土样时，应根据各土层厚度，按权数计算相应的质量配合，然后按照上述制备扰动土样的方法制备混合土样。

8.2.1.2 粗粒土样制备程序

（1）对砂及砂砾土，按细粒土样预备程序中步骤 3 的四分法或分砂器细分土样，然后取足够试验用的代表性土样供做颗粒分析试验用，其余过 5mm 筛，筛上和筛下土样分别储存，供做比重及最大和最小孔隙比等试验用。取一部分过 2mm 筛的土样供做力学性试验用。

（2）如有部分黏土依附在砂砾石上面，则先用水浸泡，将浸泡过的土样在 2mm 筛上冲洗，取筛上及筛下代表性的土样供做颗粒分析试验用。

（3）将冲洗下来的土浆风干至易碾散为止，再按细粒土样预备程序进行预备工作。

8.2.2 扰动土试样制备

根据工程和设计的要求，将扰动土制备成所需的试样供进行湿化、膨胀、渗透、压缩及剪切等试验用。

试样制备的数量视试验需要而定，一般应多制备 1～2 个备用。制备试样密度、含水率与制备标准之差值应分别在 $\pm 0.02\text{g/cm}^3$ 与 $\pm 1\%$ 范围以内，平行试验或一组内各试样间之差值分别要求在 $\pm 0.02\text{g/cm}^3$ 和 $\pm 1\%$ 范围内。

扰动土试样的制备，视工程实际情况，分别采用击样法、击实法和压样法。

8.2.2.1 击样法

（1）根据环刀的容积及所需要的干密度、含水率，按式（8.1）、式（8.2）计算的用量，制备湿土样。

$$m_d = \frac{m}{1 + 0.01\omega_0} \tag{8.2}$$

式中　m_d——干土质量，g；

　　　m——风干土质量（或天然湿土质量），g；

　　　ω_0——风干含水率（或天然含水率），%。

（2）将湿土倒入预先装好的环刀内，并固定在底板上的击实器内，用击实方法将土击入环刀内。

（3）取出环刀，称环刀、土总质量。

8.2.2.2　击实法

（1）根据试样所需要的干密度、含水率，按式（8.1）、式（8.2）计算的用量，制备湿土样。

（2）用《土工试验规程》（SL 237—1999）击实试验击实程序，将土样击实到所需的密度，用推土器推出。

（3）将试验用的切土环刀内壁涂一薄层凡士林，刃口向下，放在土样上。用切土刀将土样切削成稍大于环刀直径的土柱。然后将环刀垂直向下压，边压边削，至土样伸出环刀为止。削去两端余土并修平。擦净环刀外壁，称环刀、土总量，准确至0.1g，并测定环刀两端削下土样的含水率。

（4）试样制备应尽量迅速操作，或在保湿间内进行。

8.2.2.3　压样法

（1）根据试样所需要的干密度、含水率，按式（8.1）、式（8.2）计算的用量，制备湿土样称出所需的湿土量。将湿土倒入预先装好环刀的压样器内，拂平土样表面，以静压力将土压入环刀内。

（2）取出环刀，称环刀、土总量。

8.2.3　原状土试样制备

（1）小心开启原状土样包装皮，辨别土样上下和层次，整平土样两端。无特殊要求时，切土方向与天然层次垂直。

（2）将试验用的切土环刀内壁涂一薄层凡士林，刃口向下，放在土样上。用切土刀将土样切削成稍大于环刀直径的土柱。然后将环刀垂直向下压，边压边削，至土样伸出环刀为止。削去两端余土并修平。擦净环刀外壁，称环刀、土总量，准确至0.1g，并测定环刀两端削下土样的含水率。同一组试样的密度差值不宜大于0.03g/cm³，含水率差值不宜大于2%。

（3）切取过程中，应细心观察土样情况，并描述它的层次、气味、颜色，有无杂质，土质是否均匀，有无裂缝等。

（4）切取试样后剩余的原状土样，应用蜡纸包好置于保湿器内，以备补做试验之用；切削的余土做物理性试验。

（5）视试样本身及工程要求，决定试样是否进行饱和，如不立即进行试验或饱和时，则将试样暂存于保湿器内。

任务 8.3 试 样 饱 和

8.3.1 基本规定

（1）土的孔隙逐渐被水填充的过程称为饱和，当孔隙被水充满时的土，称为饱和土。

（2）根据土的性质选用浸水饱和法、毛管饱和法及真空抽气饱和法。

1）砂土：可直接在仪器内浸水饱和。

2）较易透水的黏性土：渗透系数大于 10^{-4}cm/s 时，采用毛管饱和法较为方便。

3）不易透水的黏性土：渗透系数小于 10^{-4}cm/s 时，采用真空抽气饱和法；如土的结构性较弱，抽气可能发生扰动者，不宜采用。

8.3.2 饱和方法

8.3.2.1 毛管饱和法

（1）选用框式饱和器（见图 8.1），在装有试样的环刀两面贴放滤纸，再放两块大于环刀的透水板于滤纸上，通过框架两端的螺丝将透水板、环刀夹紧。

（2）将装好试样的饱和器放入水箱中，注清水入箱，水面不宜将试样淹没，使土中气体得以排出。

（3）关上箱盖，防止水分蒸发，借土的毛细管作用使试样饱和，一般约需 3 天。

（4）试样饱和后，取出饱和器，松开螺丝，取出环刀，擦干外壁，吸去表面积水，取下试样上下滤纸，称环刀、土总量，准确至 0.1g。按式（8.3）计算饱和度。

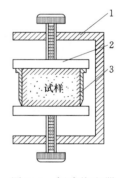

图 8.1 框式饱和器
1—框架；2—透水板；
3—环刀

$$S_r = \frac{(\rho - \rho_d)G_s}{e\rho_d} \quad \text{或} \quad S_r = \frac{\omega G_s}{e} \qquad (8.3)$$

式中　S_r——饱和度，%；

　　　ρ——饱和后的密度，g/cm³；

　　　ρ_d——土的干密度，g/cm³；

　　　e——土的孔隙比；

　　　G_s——土粒比重；

　　　ω——饱和后的含水率，%。

（5）如饱和度小于 95% 时，将环刀再装入饱和器，浸入水中延长饱和时间。

8.3.2.2 真空饱和法

（1）选用重叠式饱和器（见图 8.2）或框架式饱和器，在重叠式饱和器下板正中放置稍大于环刀直径的透水板和滤纸，将装有试样的环刀放在滤纸上，试样上再放一张滤纸和一块透水板，以这样顺序重复，由下向上重叠，至拉杆的长度，将饱和器上夹板放在最上部透水板上，旋紧拉杆上端的螺丝，将各个环刀在上下夹板间夹紧。

（2）装好试样的饱和器放入真空缸内（见图 8.3），盖上缸盖。盖缝内应涂一薄层凡士林，以防漏气。

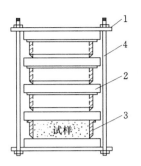

图 8.2　重叠式饱和器
1—夹板；2—透水板；
3—环刀；4—拉杆

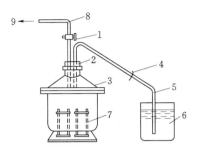

图 8.3　真空饱和器装置
1—二通阀；2—橡皮塞；3—真空缸；
4—管夹；5—引水管；6—水缸；7—
饱和器；8—排气管；9—接抽气管

（3）关管夹、开二通阀，将抽气机与真空缸接通，开动抽气机，抽除缸内及土中气体。当真空表达到约1个大气负压力值后，继续抽气，黏性土约1h、粉质土0.5h后，稍微开启管夹，使清水由引水管徐徐注入真空缸内。在注水过程中，应调节管夹，使真空表上的数值基本上保持不变。

（4）待饱和器完全淹没在水中后，即停止抽气。将引水管自水缸中提出，开管夹令空气进入真空缸内，静置一定时间，借大气压力，使试样饱和。

（5）试样饱和后，取出饱和器，松开螺丝，取出环刀，擦干外壁，吸取表面积水，取下试样上下滤纸，称环刀、土总量，准确至0.1g。按式（8.3）计算饱和度。

任务8.4　成　果　记　录

（1）原状土试样制备记录见表8.1。

表 8.1　　　　　　　　　　　　　原状土试样制备记录

委托单位_____　　　　　　　　　　进室日期：　　年　　月　　日

工程名称_____　　　　　　　　　　开土日期：　　年　　月　　日

记录者_____　　　　　　　　　　　校核者_____

土样编号		取土高程	取土深度/m	颜色	气味	结构	夹杂物	包装与扰动情况	其他
室内	野外								

（2）扰动土试样制备记录见表8.2。

表 8.2   **扰动土试样制备记录**

工程名称＿＿＿＿＿＿＿＿   土样编号＿＿＿＿＿＿＿＿   制备日期＿＿＿＿＿＿＿＿

制备者＿＿＿＿＿＿＿＿＿   计算者＿＿＿＿＿＿＿＿＿   校核者＿＿＿＿＿＿＿＿＿

土 样 编 号	项 目	数 值
制备标准	干密度 ρ_d /(g/cm³)	
	含水率 ω' /%	
所需土质量及增加水量的计算	环刀或计算的击实筒容积 V/cm³	
	干土质量 m_d /g	
	含水率 ω /%	
	湿土质量 m /g	
	增加的水量 Δm_w /mL	
	所需土质量/g	
试样制备	制备方法	
	环刀质量/g	
	环刀加湿土质量/g	
	湿土质量/g	
	密度 ρ /(g/cm³)	
	含水率 ω /%	
	干密度 ρ_d /(g/cm³)	
与制备标准之差	干密度 ρ_d (g/cm³)	
	含水率 ω /%	
备 注		

小 结

（1）土样在试验前必须经过制备过程，即土样制备程序和试样制备程序。

（2）本项目介绍适用于扰动土样和原状土样的制备程序。

复 习 思 考 题

1. 什么是原状土和扰动土？它们之间有什么区别？

2. 怎样描述试验的土样？

参 考 文 献

［1］ 张书俭．土力学基础［M］．郑州：黄河水利出版社，2008．

［2］ 张守民，张书俭．土力学［M］．郑州：黄河水利出版社，2009．

［3］ 冯宏禄．土力学［M］．郑州：黄河水利出版社，2001．

［4］ 务新超．土力学［M］．郑州：黄河水利出版社，2003

［5］ 卢廷浩．土力学［M］．南京：河海大学出版社，2002．

［6］ 李道荣．土力学［M］．北京：中国水利水电出版社，2007

［7］ 秦植海．土力学与地基基础［M］．北京：中国水利水电出版社，2008．

［8］ 孔军．土力学与地基基础［M］．北京：中国电力出版社，2005．

［9］ 俞德法．工程地质与土力学基础［M］．北京：中国水利水电出版社，2005．

［10］ 高大钊，袁聚云．土质学与土力学［M］．北京：人民交通出版社，2002．

［11］ 刘东．土力学实验指导［M］．北京：中国水利水电出版社，2011．

［12］ 侯龙清，黎剑华．土力学试验［M］．北京：中国水利水电出版社，2012．

［13］ 张芳枝，梁志松．土工技术［M］．北京：中国水利水电出版社，2011．

［14］ JTG E40—2007 公路土工试验规程［S］．北京：人民交通出版社，2007．

［15］ GB/T 50123—1999 土工试验方法标准［S］．北京：中国计划出版社，1999．

［16］ SL 237—1999 土工试验规程［S］．北京：中国水利水电出版社，1999．

［17］ GB 50007—201 建筑地基基础设计规范［S］．北京：中国水利水电出版社，2011．

［18］ GB 50287—2008 水利水电工程地质勘察规范［S］．北京：中国计划出版社，2008．

［19］ SL 274—2001 碾压式土石坝设计规范［S］．北京：中国水利水电出版社，2002．

［20］ DL/T 5129—2001 碾压式土石坝施工规范［S］．北京：中国水利水电出版社，2001．

［21］ SL 176—2007 水利水电工程施工质量检验与评定规程［S］．北京：中国水利水电出版社，2007．

［22］ GB/T 50145—2007 土的工程分类标准［S］．北京：中国计划出版社，2008．

［23］ 水利工程质量检测管理规定［S］．北京：中华人民共和国水利部令第 36 号，2008．